JN243993

テイスティング、甕選び、仕次ぎ
古酒づくりの秘訣学べます

泡盛のかざ
古酒の響き

泡盛古酒研究家
照屋 充子

ボーダーインク

泡盛との出会い

筆者が音楽大学を卒業し、その後、専攻科に進んだ若かりし頃、沖縄の古酒と運命的な出会いをすることになった。音楽を学びながら、それ以外でも感覚を磨くことの大切さを大学の教授は時々話されていた。「素晴らしい演奏を聴いて耳を育てること、美術館で絵を鑑賞し眼を育てること。そして美味しい料理を食べて味覚を育てること。その国には独特の酒文化があって、料理とのマリアージュが大切。音楽のハーモニーと一緒だから、節度ある飲み方で、お酒と料理のペアリングを学ぶといい」という内容だった。

当時、筆者が住んでいた場所の近くに、お洒落で若者に人気の「自由が丘駅」という駅があって、大学の友人らと試験が終わると、お疲れさま会の名目で時々出かけた。いろんな国のお料理を口にしながらワイン、日本酒をはじめ、時々外国のウイスキーや紹興酒などにもトライしたことがあった。その地には沖縄料理の「なんた浜」という店があって、今も存在していると耳にしている。そこで泡盛と初めての出会いがあった。当然ながらそれまで泡盛は口にした事はない。

当初は、日本酒を蒸留した感覚と思っていた。しかし、お店のカウンター脇に座っている甕が気になった。栃木県生まれの筆者は、幼い頃から両親に連れられ益子焼を見に行く機会が多く、陶器は見慣れていて興味があったのだろう。

お店の方から、甕に入っているのは一般酒の泡盛と違い、三年以上寝かせた古酒（クース）と呼ばれるという説明を聞き、これは挑戦するしかないのである。非常にワクワクしたことを今でも鮮明に覚えている。素敵な琉球ガラスに注がれた古酒は甘い香りが広がり、口にするとその芳醇な味わいに感動してしまった。元々、日本酒は好きで、お菓子づくりも趣味のひとつだった筆者は、フレッシュなお米由来の香りと甘さを想像していたのだが、まるでシュークリームのカスタードクリームからバニラビーンズのような甘い豊かな香りが口に広がった。そして時間とともにプリンのカラメルソースの香ばしい甘い香りを感じて、味が変化するお酒を初めて経験したのであった。

それから月日が経って、縁あって沖縄に嫁ぐ事になり、あるきっかけから沖縄の地酒泡盛の魅力に惹かれて、現在どっぷりと泡盛文化に染まってしまっている。いつの日からか、沖縄本島内をはじめ、旅のついでに離島の酒造所を訪ねることもあり、造り方、歴史、各酒造所独特の香り、味わいを研究してきた。その地道な泡盛の研究を続けながら、現在は大学で泡盛の講義と沖縄国税事務所主催の泡盛鑑評会の品質評価員（審査員）にも携わっている。

先ほどの大学教授の感覚の話にもつながるが、筆者は四歳の頃からピアノ指導を受けていて聴覚、触覚、視覚を駆使する事の大切さを指導されてきた。二十歳過ぎからは、泡盛で嗅覚と味覚をトレーニングしてきた。その経験上、幼い頃から人間の五感のうち、そのひとつのトレーニングを続けていると、別の感覚も磨きやすいように思える。

音楽の主要な要素は、リズム（律動）、メロディー（旋律）、ハーモニー（和声）の三つと言われている。この三つのうち、どれかが欠けても音楽は成り立たない。

古酒も同じである。古酒に向く泡盛、甕、そして仕次ぎによって芳醇な味わいの古酒になるのだ。

やがて筆者の官能評価からの経験値と感性でこれまでに感じ知ったこと、学んだことを、一冊の書にまとめてみたいと考えるようになり、今回の出版となった。

サイエンスから泡盛へのアプローチや深い歴史的な考察は、その道に精通した専門家にお願いしたい。本書は、泡盛の魅力や上手に熟成させる育て方、間違いのない育て方を、瓶と甕について事例とともにお伝えしたい。古酒の魅力を一人でも多くの方に伝え、沖縄の文化のひとつである泡盛を次世代につなげるための実践の書としてお読みいただければと願う。

目次

第二部　泡盛コンクールから学ぶこと

第三部　泡盛がつなげた縁

新垣栄用作甕

第一部

泡盛古酒づくりの魅力とコツ

泡盛浪漫

六〇〇年の歴史があるといわれている日本最古の蒸留酒である泡盛が、国連教育科学文化機構（ユネスコ）により「伝統的酒造り」で日本酒、本格焼酎などとともに無形文化遺産へ登録された。そこで泡盛のルーツについてふれておきたい。

一九九三年（平成五）、泡盛のルーツを探る調査団が結成され、中国及び東南アジア地域の現地調査を行ったことがあった。当時、沖縄国税事務所主任鑑定官であった三上重明氏は調査事業には参加していないが、調査概況を『日本醸造協会雑誌』に話題提供し、内容をコンパクトにまとめて報告しているので要約して紹介したい。

報告書には、以下の様に記載されている。これまで泡盛の起源については、昭和初期に歴史学者である東恩納寛惇氏のタイ国による「ラオ・ロン」ルーツ説が提唱されてきたが、本格調査研究はされていなかった。このことから、平成五年九月から沖縄県酒造組合連合会及び沖縄タイムス社主催、沖縄国税事務所、沖縄県及び沖縄県工業連合会の後援で、名酒・泡盛のルーツを探る「泡盛浪漫——アジアの酒ロードを行く」という企画調査が行われた。同年十一月に泡盛シンポジウムが開催され、比嘉政夫琉球大学教授による講演「西南中国、東南アジアと沖縄文化」、照屋比呂子沖縄県工業試験場食品室長「麹で造る酒類と黒麹菌」、安里進浦添市教育委員会文化課主幹「蒸留器の竈（かまど）からみた泡盛のルーツ」、宮城昌保沖縄大学非常勤講師「酒と食文化の広がり」、そして萩尾俊章沖縄県立博物館学芸員が「中国と沖縄の蒸留技術をめぐって」の基調報告が行われた（所属は当時）。どれもが興味深い内容で内容密度が濃く、シンポジウムは二百人以上の参加者で盛会裡に終わった。以上が三上氏の報告内容である。

この企画は、「米と原料とした酒（蒸留酒、醸造酒）」をテーマに「稲作の文化圏」「ルート上の稲作の分布と変遷」「稲作民族の酒」「神事、祭事と酒の関係」まで広げて調査したことに深い意義があると思っている。

蒸留酒をつくる蒸留器と蒸留法について、北ルートとされていた中国の福建省・貴州省・雲南省を訪れ泡盛と同じベースとするものを発見したことを、以下の様に萩尾俊章氏は書いている。

「沖縄では戦後このかたほとんど見ることができなくなった昔ながらの蒸留器を、中国で実際に目のあたりにすることができた」

また「蒸留酒を寝かす古酒の製法」は、調査のルートで見つけられた。「酒は寝かすほど熟成され香りを放つ、中国をはじめ東南アジアの国々で、酒の文化として継承された」と多和田真助氏は書いている。

現在、沖縄で口にする古酒も寝かせるほどまろやかになり、バニリンやメープルシロップのような甘い香り、黒糖の甘く香ばしい香りが出てきて、熟成した分だけ甘い香りが広がる。調査班の実体験は、今日の我々の泡盛古酒文化と相通ずることが実感される。

容器については、シャムルート説が有力な物的根拠とされ、ソコウタイの酒壺と琉球の泡盛壺の類似性について東恩納寛惇氏が「泡盛雑考」のなかで記しているが、安里進氏は次のように述べている。「泡盛壺とは荒焼と呼ぶ焼き締め壺のこと。しかし、十五、六世紀の琉球に泡盛壺を焼いた荒焼窯が存在したかどうかは文献資料でも裏付けられていない」。これについては、今後の一層の研究が待たれる。

また、泡を盛る方法として、宮城昌保氏によれば、西双版納（シーサンパンナ）タイ族村、福建省の羅源県、閩候県などの酒精度数計（アルコール度数を測る度数計）のない所では、泡の量の多さと泡の大きさによって酒の美味しさの基準としている。また、泡の量により上・中・下に分けて、それぞれを混ぜているという。アルコール度数が高いと泡が立たず、また弱すぎても泡が立たない。泡が立ちすぎる場合は弱い酒を加えたり、逆に強い酒を加えたりして調整する。つまり適度に泡が立つ酒が良い酒なのであり、泡の立ち具合が判断の基準になっているという。

現在、沖縄の酒造所でも同じ方法である。蒸留時に、初留・中留・後留の順に分けて、アルコール度数の強・中・弱の順に分別していく。最後の後留を何度でカットするかは各酒造所によって異なるが、初留と後留を合わせておいた泡盛を再度蒸留し、先程の中留と混ぜ合わせるのである。このやり方は先人たちの経験値から、ブレンドすることで美味しくなることを知っていたと思われる。

実際、現代ではアルコール度数と粘性率について分析されている。それによると、粘性が強いと泡が壊れにくい。では度数が高ければ粘性が強いのか。同じ蒸留酒ではあるがウイスキーでの実験からわかった粘性について紹介しよう。

粘性率は、度数四〇度から七〇度において上がることがわかった。一番のピークは、四五度であった。この結果から、度数が低いと粘性が弱く、度数が七〇度を超えても粘性が弱くなる。つまり四五度で泡立ちがよく、低い度数と高すぎる度数では泡の立ち具合が弱いということであろう。昔から中国各地で、泡の立ち具合からアルコール度数を判断していたことは正しかったのである。そして泡立ちの弱い度数の高い初留と度数の低い後留を加えて調整していたということである。

萩尾俊章氏によれば「泡を盛る」方法は、古くは一七六三年『大嶋筆記』に「泡盛とは焼酎の中、至って宣きは蒸して落ちる露微細なる泡、盛り高になる。それを上とする故なり」という記述がある。十八世紀の奄美の生活風俗を記述した名越左源太の『南島雑話』にみえる「泡盛焼酎を猪口に次て泡を盛らす図」にも伺うことができる。

この発見で「泡を盛る」技法が、タイ族にも伝承されていることが判明したのである。先述しているが、筆者は泡を盛ることは、粘性を見ることもできると思っている。現在ではブランデーグラスやワイングラスで粘性をビジュアルに確認できる。度数が高い場合は、グラスにシロップ様（よう）のゆっくりと雫が落ちるように筋がいくつもでき粘性が強い。度数が低ければサラッとして粘性が弱い。度数が低くても熟成した古酒は、粘性が中庸とされている。

先の調査班の体験の、泡を盛ることで度数の判別をしていたのと同様に、今日では度数計や粘性をチェックできるグラスなどの酒器で、いっそう度数の確認が容易になっていると言えよう。

泡盛浪漫特別企画班による当時の現地調査、その後出版された『アジアの酒ロードを行く・泡盛浪漫』は、泡盛のルーツを考えるのに大いに感銘を与えてくれる。また、泡盛愛好家はじめ、県民に感激を与える企画、出版は、今後の泡盛への興味、好奇心をさらに広げてくれるだろう。

泡盛と黒麹菌

講演会や大学の授業で、泡盛には、なぜ黒麹菌を使うのかを聞かれることがある。たしかに素朴な疑問である。しかし、その問いに答える前に、酒造りの説明をすることにしている。原料に穀物の米や麦を使ってお酒をつくる際に最初に原料を糖化させる必要がある。一般に洋酒のウイスキーでは、麦芽を使用して糖化することになる。いっぽう日本を含めてアジアでは、「麹菌」を使用している。「麹菌」と言ってもその種類は数多く、東アジア、韓国やタイでは、クモノスカビやケカビを使用して、日本では、黄麹菌を使って来たのである。

さて、泡盛ではどうか。伝統的に「黒麹菌」を使ってきた。それは、亜熱帯海洋性気候で温暖で湿度の高い沖縄の気候風土と関係が深い。黒麹菌は、酒の製造の際に大量のクエン酸を作りだす。米麹に酵母と水を加えてアルコールを発酵させる際のもろみの酸度が、ほかの麹菌に比べて高くすることが可能となる。クエン酸は雑菌による腐敗を抑制する特徴があり、黒麹菌にしている訳が、ここにある。つまり、高温多湿な気候風土において、多種の雑菌の繁殖が危惧される状態では、低い酸度のもろみでは、周りの腐敗菌で、もろみが腐ってしまう危険性があるのだ。沖縄の先人は、この気候風土で経験値として黒麹菌が最適な菌であったことを学んだのであろう。

先人の経験に関連したことを、泡盛研究にも造詣の深い東京農業大学の小泉武夫名誉教授が、講話の中で話されていたので、紹介してみよう。八重山・黒島でのこと。島に住むおばあさんが「大きな桑の木には、幹の方々に黒いカビが生えていた、昔はこれを麹菌として活用していた」という。後に、実際に桑の木から採取した黒いカビを調査した結果、それは「アスペルギルス・アワモリ」の黒麹菌であったという逸話も残っている。

この黒麹菌を使った酒造りは世界的には非常に珍しく、中国福建省の「烏衣紅曲（ういこうきょく）」という混合培養菌が存在し、これは黒麹菌と紅麹菌、そして酵母からできているという。黒麹菌のみの酒造りは、現在知られている中でも沖縄だけとされている。黒麹菌が研究者の手によって明らかになったのは、一九〇四年・明治三四年、乾環氏、宇佐美桂郎氏が発見し、イヌイ菌、ウサミ菌とネーミングして発表された経緯がある。

また泡盛は全てを麹にする全麹仕込みでつくる。ちなみに焼酎はというと、麹をつくってから原料を加える二次仕込みである。この黒麹菌は現在、学名 *Aspergillus luchuensis*（アスペルギルス・リューチューエンシス）である。以前は、*Aspergillus awamori* であった。第二次世界大戦をくぐり抜けて現在「幻の泡盛」製造に利用されている菌株、さらに現在泡盛の商業生産に最も広く用いられている二種類の黒麴菌も同じグループに入ることが確認されたことで *A. luchuensis* と国際的に認められた。この学名の〈リューチューエンシス〉とは、沖縄の歴史的な呼称である琉球にちなんだものといわれている。まさしく琉球でしか使わない黒麴菌の伝統的酒造りで泡盛をつくってきたことに相応しいネーミングと思う。

二〇〇六年日本醸造学会では、黒麴菌、黒麴から生まれたアルビノ変異株の白麴菌、そして清酒や味噌、醬油などの古くから製造に広く利用されてきた黄麴菌の三つの菌を「国菌」とした。

この三つの国菌でつくられる琉球泡盛、本格焼酎、日本酒などが、二〇二四年十二月ユネスコ無形文化遺産の「伝統的酒造り」に登録されたことは大変喜ばしいことであり、これまで頑張ってきた各酒造所をはじめ沖縄県、沖縄国税事務所、沖縄県工業技術センター、沖縄県酒造組合、泡盛愛好家、県民の方々の皆さんの熱い想いと努力のたまものだと信じてやまない。

泡盛づくりに大切な酵母

泡盛づくりには欠かせない麹菌と酵母についてふれてみよう。穀物である米のでんぷんを糖に分解する役目が黒麹菌で、これを糖化と呼んでいる。日本には清酒、醤油、そして味噌をつくるのに必要なのが「黄麹菌」、焼酎を造るのに必要なのが「白麹菌」、そして泡盛や焼酎を造るのに必要な「黒麹菌」がある。この三種類の麹菌は、正式には「ニホンコウジカビ」と呼ばれて二〇〇六年に「国菌」として認定されている。

黄麹菌は、デンプンの糖化に重要なデンプン分解酵素を作り出す力が強く、旨みや甘みも生むといわれている。白麹菌は、黒麹菌の突然変異から生まれた菌で、クセがなく軽やかな味わいが特徴といわれている。それに対して黒麹菌は、クエン酸を多く作り出し、高温多湿の地域でも腐造が起こりにくい。この特性が沖縄の気候に合っており、泡盛造りに適している。この黒麹菌によって米は糖に分解され、酒造りに必要な発酵をする役割の酵母を加えることで、アルコールが造られるのである。

ここで、泡盛酵母の歴史を紹介しよう。沖縄国税事務所（当時）玉城武氏によると、泡盛は戦前から「家つき酵母」によって醸造されていたという。一九七二年の本土復帰以来、沖縄国税事務所歴代の鑑定官の努力により優良泡盛酵母が分離され、その実用化によって泡盛の品質及び収量が一段と向上したといわれている。一九八八年当時、鑑定官の新里修一氏によってその泡盛一号酵母から分離した、泡無し101酵母が実用化され、このお陰で生産量が飛躍的に伸びたといわれている。その後、いろんな酵母の分離開発が行われており、現在では酵母の違いで、これまでの伝統的な深い香りと味わいからフルーティーで華やかな香りや、バナナの香り、洋梨の香り、りんごの香り、ヨーグルトやパインの香り、ナッツの香ばしい香りなど、様々な香り、味わいが増えてきた。

開発された酵母の中から現在使用されている主な酵母の特徴を紹介しよう。

【黒糖酵母（515酵母）】

東京農業大学の故中田久保教授が分離開発。ドライフルーツの甘くコクのある風味が特徴。

【マンゴー果実酵母（TTC360酵母）】

トロピカルテクノセンターと国立沖縄工業高等専門学校によって開発。古酒香に含まれるバニリンが変化する前過程の4―VGが、従来の泡盛酵母より約一〇倍以上含んでいる。マンゴーの甘くフルーティーな香りが特徴。

【天然吟香酵母（NY2―1）】
東京農業大学の故中田久保教授が開発。爽やかで華やか、フルーティーな風味。

【ハイビスカスC14酵母】
奈良先端科学技術大学院大学の高木博史教授と、(株)バイオジェット代表の塚原正俊氏が共同で開発。軽やかでフルーティーな風味が特徴。

【101ハイパー】
奈良先端科学技術大学院大学の高木博史教授と琉球大学教授の外山博英氏、(株)バイオジェット代表の塚原正俊氏が共同で開発。泡盛101号酵母を親株として生まれた。バナナのような甘い香り、味わい芳醇。

【琉古株】

琉球大学水谷治准教授と外山博英教授、（株）バイオジェット代表の塚原正俊氏の共同開発。一九三五年に泡盛もろみから分離・保管されていた株で、現在用いられている泡盛黒麹菌株とは最も古い時代に分岐した株として選抜された。伝統的な泡盛の深い香りと少しスパイシーで甘く香ばしい風味。

【芳醇酵母】

これまでに使用していた泡盛101酵母に加え、芳醇酵母を（株）バイオジェット代表の塚原正俊氏が開発。古酒香のひとつであるマツタケオールとバニリンから、バニラの甘い香りとキノコの深い香りと深い味わい。

このように様々な酵母の開発で、今や泡盛はいろいろな香りや味わいを楽しむことができるようになってきた。現在使用されている酵母の数々と、従来からの泡盛101酵母、それぞれの違いから、個性的な古酒に熟成されて成長していくであろう。数十年後の熟成結果が期待される。日本最古の蒸留酒として、この島じまが琉球と呼ばれた時代から造り続けられ、六〇〇年の歴史を持つ泡盛。米、水、黒麹菌、酵母だけの素朴な原料であるが、県内離島も含め数々の酒造所の特徴ある泡盛として、多くの人々に香り味わいを楽しませてくれることを大いに期待したい。

親酒に選びたい泡盛

泡盛は「一般酒」と「古酒」に分けられる。三年以上寝かせた泡盛を「古酒」と呼んでいる。古酒は年月とともに甘い香りが醸しだされ、さらに味わいにも深みが加わることから、泡盛愛好家の間では、我が家自慢の古酒として、持参して飲み比べることも多いという。しかし、どの泡盛でも年月をかければ美味しい古酒になるかと言えば、必ずしもそうとは限らない。これが古酒づくりの難しさであり、面白さでもある。

では、どのような泡盛が美味しい古酒に成長してくれるのだろうか、である。

そのポイントがいくつかあるが、そのひとつに熟成前の香りが挙げられる。まず、香りを表現する言葉に「開いている⇔閉じている」、「軽い⇔重い」というものがある。

「開いている」とは、香りが広がった状態を指す。はじめはひとつだった香りから、次々と隠れていた香りが現れる様子を想像してほしい。香りが軽やかで爽やかで、口に入れるとすぐに味が広がり、香りの正体がわかる状態である。それに対して「閉じている」は、香りに蓋がされているような、どこか遠くに感じる状態である。

わかりやすい例から「軽い ⇅ 重い」の感覚を伝えてみよう。

例えば、口に入れて味わうチョコレート、ミルクチョコレートの香り味わいは「軽い」。では逆にカカオ七〇%以上のダークチョコレートの香り味わいはどうだろうか。「重い」のである。

では聴覚の「軽い ⇅ 重い」はどうだろうか。沖縄の三線（さんしん）の音を想像してみよう。雑音の多い居酒屋で三線を弾いた場合、よく鳴り響く三線は、実際ペラペラな軽い音であるために、雑踏の中でよく広がり、店の中のにぎわいに馴染んで心地よく聞こえる。しかし、劇場で弾いた場合、逆にこの三線の音は拡散しすぎてしまう軽い音なので、ホール全体に響かないのである。名人は三線を購入するときには、響きがペラペラしていない重厚なものを選ぶという。

これは古酒づくりにも共通していると感じる。古酒として、これから五年、一〇年と育て熟成し魅力のある古酒は、一般酒のときには香りがすぐに開かず、重厚なものがほとんどである。「開かず、重い」泡盛は、香りが鼻にも抜けず、口に含むと重量感があり、口の中でも香り味わいが広がらずダークな印象である。甘味より苦味酸味が強く、塩味を感じるものが良い。特に一般酒のときに塩味を感じるものは、筆者の経験では、良い古酒になると確信している。度数が高く濃醇で重くダークな個性の泡盛を、未来の古酒として選びたい。

古酒として寝かせるのではなく、今飲むのを楽しみたい方の選ぶ一般酒は、おそらくその逆の軽いものを選ぶだろう。「閉じて、重い」ダークな泡盛は、古酒になると時間とともに香りが開き広がり、味わいは芳醇で素晴らしく変化していく。一方で、すぐに香りが開き、その泡盛の正体がわかるようでは古酒になる力が弱い。もちろんその力を助けるのは、アルコール度数の高さも重要である。軽く開いた泡盛を選びたいなら、定期的な仕次ぎをすることが必要だと思う。

ただし、注意点がひとつある。先ほどの話は、常圧蒸留された泡盛に限る、ということ。

泡盛は使用する蒸留機によって香りが異なる。泡盛の蒸留に使う蒸留機には二種類あり、減圧蒸留機と常圧蒸留機である。減圧蒸留機は読んで字のごとく蒸留機内を減圧にして沸点を下げるため、香り味わいともに華やかでフルーティー、軽やかさのある仕上がりになる。減圧蒸留の泡盛は、低沸点エステルである軽やかで爽やかな果物の様な香りが特徴だが、この香りはいずれ消えていく香りである。減圧蒸留の泡盛を古酒として育てるなら、度数が高いものを選んでほしい。以前は、「減圧蒸留の泡盛は熟成しない」と言われてきたが、現在は度数が高ければ熟成することもわかってきている。

常圧蒸留は減圧蒸留より沸点が高く、個性豊かな濃醸（のうじゅん）な泡盛の仕上がりとなる。いわゆる伝統的な泡盛の香り味わいとなるので、芳醇な香り味わいの古酒を望むなら、常圧蒸留の泡盛をお勧めしたい。自分の好みの古酒に育てるのも一般酒の段階からその個性を知って、熟成を待った方がよい。古酒作りの楽しみ、飲む喜びも違ってくるだろう。

宜保次郎作五升甕

仕次ぎとSDGs

泡盛を甕貯蔵や瓶貯蔵することで時間とともに熟成した古酒となることは、一般に知られていること。当然ながら長期貯蔵すれば、熟成の時間に違いがあるものの甕も瓶も、いずれは味は丸くなり熟成する。甕貯蔵の泡盛は、早く芳醇な香りと味わいになり、瓶貯蔵はゆるやかに落ち着きのある変化をすると言われている。しかし、その貯蔵には、仕次ぎがつきものであり、誤るとせっかくの古酒の酒質が残念な結果となる。どんな銘柄の泡盛か、貯蔵年数はどうか、仕次ぎ量はいかほどか、またその時期等、成功の秘訣を実例で紹介しよう。

古酒の香りは、時間とともに、バニラの甘い香りやメープルシロップ、黒糖の香ばしい香りに包まれて、芳醇な味わいになっていく。これは、米に含まれるフェルラ酸が4―VGという成分に変わり、製造過程で熟成を経て、バニリンからバニラ酸へと変化し、甘いバニラの香りがしてくる。このバニリンが古酒の特徴的な香りといわれている。

しかし一〇数年以上寝かせると、古酒香となるバニリンが減少していくことが最近わかってきた。二〇年近く一度も仕次ぎをしなかったために度数が下がり、古酒の香り味わいに力がなく、ひどいときは甕臭も付いてしまったという経験はないだろうか。

その場合、通常「アヒヤー」と呼んでいる親酒より少し若い古酒を準備して仕次ぎをすると、熟成中にも4―VGから変化してバニリンが増加すると考えられている。香り味わいが弱くなってきたと感じるタイミングで仕次をするとバニリンが増えて、さらに香り味わいが熟成され、その力が持続可能になる。つまり、蒸散した分や飲んでしまった分の補填することと、さらに熟成に必要な力を持つ少し若い古酒を入れて助けるのが仕次ぎなのである。

仕次ぎ文化は、いわば先人が現在の我々につないだSDGsであり、感謝の泡盛文化と言えよう。瓶貯蔵の場合、仕次ぎすることが容器的に難しい。将来、仕次ぎすることを計画するのであれば、甕貯蔵をお勧めしたい。

さて、仕次ぎのために何を準備しておくのかである。できれば二番甕、三番甕を準備し、親酒より三年から五年若い古酒を入れて寝かせておいてほしい。これは伝統的な仕次ぎの仕方である。今は、住宅事情の問題で仕次ぎ用甕の準備や甕を置くスペースが厳しいことから、年数をずらして一升瓶を順に準備する人が多くなった。筆者も一升瓶の古酒を仕次ぎ用として準備している。以降は、筆者の実体験でわかってきた仕次ぎの方法を詳細にお伝えしたい。

【荒焼甕古酒へ仕次ぎするポイント】

●親酒六年以内古酒に仕次ぎする場合

「仕次ぎ」する親酒の古酒年数によって、入れる古酒年数は変わってくる。六年以内古酒までは、そんなに仕次ぎの心配はいらない。かえってその間、頻繁に仕次ぎをすることで、古酒になろうと熟成を進めている泡盛を、いきなり若返らせてアルコール感が強くなってしまう。しかし、飲む量と蒸散によって、甕の中の空気層が増えてしまうようであれば、せめて二回までとしてほしい。つまり、六年以内古酒の場合、仕次ぎは二回までとした方が無難である。例えば、最初に五升甕を準備したとき、それが一般酒の新酒なら三年まで飲むのを我慢する。三年目から年間に甕の一割以内を汲みだすと計画してほしい。

つまり、荒焼甕の場合、甕が吸った分（染みこんだ込んだ分）と蒸散した分と考えて甕の一割（900㎖）を汲みだしたいところだが、六年以内古酒なら一割以内の四合瓶分（720㎖）だけ汲みだす。他に年間数回、少量を汲みだすことをすると、総量を見失ってしまうので、年一回汲みだしてボトル（瓶）に入れることが望ましい。六年以内古酒の仕次ぎは、親酒より古い年数の古酒を入れることが可能であれば熟成が早まり美味しくなるため、六年以上の古酒を入れることが理想的方法である。準備できなければ、同年数の古酒やほぼ近い年数の古酒を入れてほしい。

尚順男爵は、「鷺泉髄筆」（『松山王子尚順遺稿集』収録）の中に「最良の親酒はあっても注ぎ足すときに、新醸の酒でも入れたら、親酒は全く台無しになって、馬鹿を見た例はいくらもある。……（中略）水の様に死なした経験は幾度も見た。」と書いている。まさに、間違っても一般酒である新酒を仕次ぎしてはいけないということである。

また尚順男爵は「古酒の秘蔵法と伝えば只ケチ臭く愛蔵している計りではいけない」とも書いている。つまり、古酒を大切にしすぎて自分や客人と味あわなければ、古酒のチェックをする機会を逸してしまい、のちのち大変なことになるとのことである。

●親酒一三年以上の古酒に仕次ぎする場合

親酒一三年以上の場合の仕次ぎとなると話がまた違うのだ。年間、荒焼甕の一割をしっかり汲みだし、親酒の年数より少し若い古酒を入れてほしい。状態にもよるが、三年くらい若い古酒を入れたい。つまり、一〇年以内の親酒は同等年数か、さらに古い年数の古酒を仕次ぎすることで酒質が落ち着きまろやかになる。一三年以上の親酒ならば、三年くらい若い古酒を仕次ぎすることで、いわばカンフル剤のように働きを活発にさせるので、アルコール感もバニリンも増えて熟成継続が楽しめる。

なぜ一三年以上かというと、一〇年過ぎ、さらに一三年以上寝かせると、酸味が弱まり、ボディ感となる苦味と塩味も弱まってくる。逆に甘味が増えて古酒の骨格が弱くなってくるのがわかる。これを例えるならば、温州みかんを想像してほしい。もぎたてのフレッシュみかんは、酸味と甘味が絶妙なバランスで美味しい。しかし、かなり時間が経過したみかんの場合、酸味が抜け、甘味だけが残り、物足りなさを感じたことはないだろうか。泡盛では、この物足りなさを感じ始めるときに、三年若い古酒を仕次ぎすることで熟成を促し、結果、美味しい古酒ができ上がってくる。

●瓶貯蔵から甕に仕次ぎする場合

一升瓶古酒でも、仕次ぎ用として使うことは可能である。瓶から甕に仕次ぎするときに、筆者独特の方法がある。瓶の場合、泡盛はゆっくりと熟成するので、一升瓶の古酒年数から一年を引き算したものを古酒年数として考えて仕次ぎするのである。つまり、一升瓶が一一年古酒なら、一〇年古酒ものとして甕に入れる。これは甕と瓶の熟成時間差を考えてのことである。

●荒焼甕は定期的に仕次ぎをしないときは甕臭に注意

気をつけたいのが、逆に荒焼甕を長年仕次ぎしないで置いていた場合で、甕の陶土の成分からくる匂いである甕臭が出てしまう心配がある。土様(つちよう)の湿った匂いと好ましくない甕の匂い（甕臭）が、香りと味わいから出てしまい、せっかくの古酒香が、移り香事故になってしまう。これが甕臭である。仕次ぎは、飲んだ分、蒸散した分を補填することで、この甕臭や移り香事故が出てしまった場合の匂いを和らげて、元の古酒香へと導いてくれる方法である。素晴らしい仕次ぎ文化なのである。

古酒は、ぜひ毎年、テイスティングをしてチェックしてほしい。

●三升甕以内の仕次ぎ方法

親酒が三升甕以内の場合、親酒の年数に関係なく毎年毎年、しっかり一割の仕次ぎをしてほしい。二升甕なら年間３６０㎖である。理由は、小さい甕ほど蒸散が早く、気がつくと半分に減ってしまうことが多く見られるのだ。この詳細については「甕の大きさで表面積と体積の比較・ベルクマンの法則」（55頁）を参照していただきたい。

●上焼甕古酒へ仕次ぎするポイント

上焼甕の場合、上薬が施されているので、これがコーティングとなっているため、瓶と同じく熟成がゆっくりなので、甕に入れて六年以上は飲まずに寝かせてほしい。チェックは必要だが、まず仕次ぎは必要ない。甕熟成では、特に荒焼甕の泡盛は蒸散が多いが、上焼甕は蓋がしっかり密封されていれば蒸散はほとんどない。飲むなら一〇年以上寝かせたあとの熟成を楽しんでほしい。上焼甕の仕次ぎは、一〇年以上寝かせていても、ほとんど甕臭は出にくい。仕次ぎは、荒焼甕の六年以内の親酒の仕次ぎ方法と同じように、若い年数の古酒ではなく、同等年数か、それより古い年数の古酒を入れてほしい。その理由は、上焼甕の古酒は年数が経過してもアルコール感と酸味がしっかりしているからだ。上焼甕に一升瓶古酒を入れるなら、実際の古酒年数から一年を引く方式ではなく、上焼甕はそのままの年数としてよい。

●仕次ぎ文化は世界で二か国だけ

この「仕次ぎ文化」があるのは、世界では二つの地域、沖縄とスペイン。スペインのシェリー酒は、三大酒精強化ワインと言われている。どちらも熟成のために生み出された方法である。沖縄は甕に仕次ぎをするが、スペインのシェリー酒は、床の上から三〜四段樽が積み上げられているソレラ方式と呼ばれる方法である。一番下の樽が一番古く、その上の段へ上がることで若い年数の酒精強化ワインとなり、目減りした分を上から順に下に電動ポンプで移動されている。高級なシェリー酒は、今でも手作業で丁寧に行われているという。シェリー酒は、発酵終了後に酒精強化し、高アルコールの蒸留酒を加えて一五度から二二度までアルコールを高めたもの。

泡盛もシェリー酒のどちらも、高い品質を保つために受け継がれてきた技法。深い味わいをだすために必要な熟成方法を生み出した先人たちの知恵である。

以上、述べてきたように、荒焼甕と上焼甕では、仕次ぎ時期や量、飲む時期まで微妙に異なる。誤り無きよう大切に成長させていただきたい。仕次ぎの度に「日付」「銘柄」「度数」「何年古酒」「量」を甕の首に掛けておくといい。《我が家の甕の成長記録》としての仕次ぎが一層楽しくなる。

仕次ぎに合う泡盛

仕次ぎ方法の習得の次は、良い古酒に育てるには、仕次ぎの際にどの様な銘柄の泡盛を選ぶかである。

一般的には、親酒と同じ銘柄が一番良いと考えられている。まず親酒を育てるときには仕次ぎ用の泡盛の準備まで必要である。親酒とは、一番古い年数の古酒が入った甕のことで、アヒヤーという。仕次ぎ用の古酒の準備だが、もし親酒の年数が古過ぎて同じ銘柄の準備が厳しい状態とか、甕の中の古酒の記録がなく銘柄がわからないときは、必ずテイスティングをして香りと味わいを確認して判断してほしい。どうしても自信がなければ知り合いの泡盛愛好家の先輩に相談してほしい。

さてテイスティングをしたときの判断であるが、まず親酒の香り味わいが軽いのか、重いのかである。簡単に言えば、重いのには重い泡盛を、軽いものには軽い泡盛を入れてほしい。逆にしたら弱い方の泡盛が負けてしまい仕次ぎが無駄になってしまう。方向性の軸を同じにすること大切。

そして、香りである。古酒からは、バニラの香り、ドライフルーツの香り、ダークチョコレートの香り、濃淳なフルーティーな香り、メープルシロップの香り、ナッツの香ばしい香り、キノコの香り（1-octen-3-ol）や、香ばしい黒糖やカラメルの古酒特有の香りなどが立ち上がってくるが、できるだけ同じ香りの古酒を探してほしい。香りも方向性を統一したいのである。

一方で、重さ軽さに関係なく、好みでいろいろな銘柄にトライする方法もあるが、その場合、飲み方には注意が必要である。いろいろな銘柄を合わせブレンドする場合、うまくいけばそれぞれの持ち味の欠点を、お互いの泡盛が補ってくれる。そして、これがなかなか美味しくなるのである。ところが、このブレンドされた美味しさが、長く寝かせる古酒の熟成につながるかというと、残念ながらそうとも限らないのである。銘柄や香り味わいに関係なく、ブレンドした直後に飲むには最適だが、長期熟成古酒づくりには不向きなのである。

筆者は、普段飲み用に、荒焼甕二甕と上焼甕一甕でいろいろな銘柄をブレンドして実験している。一年くらいはなかなか美味しかった。満足していたが、三年過ぎる頃に様子が変わった。甕を二升甕から四斗甕まで三三個持っているが、そのうち三個の甕で、ときめくようなあの香りや旨みが、二年後に飲むと、個性がわかりにくくなっていた。骨格を感じるボディ感が消え、その味わいが、どこに向かっているのかがわからなくなった。特に香りである。親酒の香りが仕次ぎの古酒にマスキングされてしまった。その他の甕でも、香り味わいの方向性関係なくブレンドしたものは、最初に感じた香り味わいの成長した熟成の美味しさから個性が弱くなっていた。

一方、同じ銘柄で仕次ぎをしている甕は、順調に熟成され美味しくなっている。古酒を長く熟成していくには、古酒の個性を知り、同じ方向に進めるようにすることが大切になってくると思う。つまり、今を楽しむなら、いろいろな銘柄をブレンドして楽しむ。しかし長期間熟成を考えているならば、いろいろな銘柄を入れるのはお勧めしない。同じ銘柄か、又は香り味わいが同じ方向性のものを選んでほしい。各々の泡盛の個性を大切に感じてほしいのである。

古酒の三つのかざともう一つのかざ

二〇一五年から泡盛の全量が三年以上熟成の時を経ると「古酒」と呼ぶと定義されている。古酒の香りのことを、沖縄の方言で一般に「かざ」と呼んでいる。においのことを「かじゃ」と言うが、泡盛に関しては「かざ」と表記しているようだ。

かつて、かざには三種類あると言い当てた人がいる。琉球最後の国王尚泰の四男の尚順男爵（一八七三～一九四五）である。彼は、食文化や芸術、芸能まで幅広い鑑賞眼を持ち、当時では古今無類の聡明な文化人だったといわれている。また「鷺泉随筆」の中で、古酒の香りについて「三つのかざ」という論考を書いて、以下のように表現している。

「古酒には色々のよい香が出るものだが、其標準の香気と言っては先ず三種しかない。第一は白梅香かざで古くから鹿児島より這入って来た小さい鬢付油の匂いだ。第二はトーフナビーかざと言って、熟れた頬付の匂いを言うたものだが、第三が少し可笑しいが此れはウーヒージャーかざと称し、雄山羊の匂いの事……」（抜粋）

実際、この三つのかざを尚順男爵から直接聞いて確認した人はいない。そして、かざを的確に説明することもむずかしいが、年代ものの古酒や、瓶や甕などに入った環境の異なる古酒を味わうことで、おそらくこの香りだろうと想像することができる。

第一の「白梅香かざ」は鬢付け油で、香りがオイリー（油っぽい）匂いであるが、花の香りといわれている。鬢付けとは、主に力士が髪結い時に固めるために用いる固練り油のこと。時にはにはバニラの香りもするという。筆者は、気品高い花の香り、プルメリアの香りが浮かんだ。

第二の「トーフナビーかざ」は、バニラのような甘い香りとマンゴーのような熟した甘い香りではないだろうか。しかし、トーフナビーかざを文字通り解釈して、誤った解釈をする人が少なくない。「トーフ」（豆腐）と「ナービ」（鍋）に単語を分解して、シンメー鍋で大豆から豆腐を作るとき、焦がしてしまった焦げ臭と解して誤認しているのだ。しかしそれは勘違いで、「トーフ」とは方言で「食用ほおずき」のこと。食用ほおずきがオレンジ色に熟したとき、甘いバニラの香りが立つ。古酒香として醸しだされるバニリンの甘い香りを食用ほおずきの香りにたとえて伝えたかったたと思われる。

古酒は砂糖を焦がしたカラメルの甘い香りはするが、一般酒（泡盛新酒）からは焦げた匂いは一切しない。そして豆腐のタンパク質を焦がしても甘い香りはしないのである。

グルメであった尚順男爵は、古酒の魅力を伝えるために「焦げ臭」、つまり失敗した香りのオフフレーバーを書き残すなら、その旨を伝えたであろう。オフフレーバーとは、本来その食品にない、あるいは感じられない匂いで異臭のことである。

第三の「ウーヒージャー（雄ヤギ）かざ」は、香りの表現がむずかしい。

実際に古酒を味わってみると、「白梅香かざ」と思われるオイリーで花のマルトールのような淡い甘い香りや、「トーフナビーかざ」の甘いバニリンの香りも感じる。また空になったチブグヮーから残香（ざんこう）として甘い香りが立ち上がったあとから、昆布のような深い香りが感じられる古酒もある。この昆布の香りとは、筆者の認識では慶事の折に作る煮物の結び昆布の甘く深い香りに近い。ウーヒージャーかざとは、昆布の佃煮を食べたとき鼻に抜ける海藻の深い香りではないだろうか。一般酒で、昆布様の香りがする泡盛も幾度か口にしたことがある。

このように、香りや口にした味わいを文字にして表現するのは実に難しい、おそらく尚順男爵も思案しながら文面になんとか残そうとして別の食物などに例えて伝えたかったのだろうと思いをはせてしまう。古酒を味わっていると、尚順男爵の伝えたかった三つのかざが、おおよそ納得できる。

しかし、どうしても、その三つの範疇に入らない、さらにもう一つ香りの古酒に出会う事がしばしばあり、少々気になっていて、それが何なのか、しばらく思案していた時期があった。香りとしては、黒糖やメープルシロップのような甘くて香ばしい香りの古酒。この香りは特に飲み干して空になった酒器から残香として出てくる。すると偶然にも、二〇一二年に沖縄工業技術センターの泡盛研究者が「ソトロン」という新しい古酒香成分を発表したのだ。二〇年貯蔵した甕から泡盛の香気成分について検査・分析し、泡盛中にメープルシロップや黒糖、はちみつなどに存在する香気成分が抽出され、それが「ソトロン」という成分であることがわかったのである。以前から感じていた甘く香ばしい香りがこれだったのかと実感した。

ソトロンをわかりやすく感じる方法としては、飲み干したあとのチブグヮーをしばらく時間を置いて嗅いでみると、黒糖やメープルシロップのような香りが残香として感じられ、さらに長い時間放置しておくと、部屋中に良い香りが広がることがある。その香りは、ストレートで飲んだときよりも感じやすくわかりやすいのである。

残香を楽しむことは、古酒の魅力を一層深く味わう手法であろう。

尚順男爵が書き残した「三つのかざ」のお陰で、当時の古酒の魅力が今日まで伝えられていることに、古酒のロマンを感じてしまう。また、時代を経て化学分析法の進歩で、さらなる香りも加わった。愛好家だけでなく、泡盛を初めて飲む方にも、ぜひ泡盛の「四つの香り」の魅力を古酒で実感していただけるよう、願ってやまない。

泡盛フレーバーホイール

「泡盛の香りと味わいをより多くの人に伝えたい」その思いから、泡盛の「香りと味」を視覚化したのが「泡盛フレーバーホイール」である。琉球大学、沖縄工業高等専門学校、沖縄工業技術センター、沖縄国税事務所のメンバーによって作成された（平成二九年四月二六日初版発行）。沖縄国税事務所（当時）小濱元主任鑑定官と宮本宗周鑑定官が苦労してまとめ完成させた。

食材や飲料などの香りや味わいの捉え方は人によって違いがあり、その表現は曖昧になることが多い。それでは品質管理や研究、あるいは今後の商品開発の方向性が定まりにくい上に、消費者に十分な魅力を伝えることが難しい。そこでひとつの指標としてフレーバーホイールが作成されることになったのである。

フレーバーとは、風味であり、口の中へ入れたときの味覚、嗅覚である。フレーバーホイールは、その食材や飲料から感じることのできる香りや味わいなどの表現について整理し、似た香り・似た味わいのものを近くに配置して円状に配列している。いわゆる、香り・味の「見える化」である。ワインや清酒、ウイスキーといった酒類業界にとどまらず、コーヒーやチョコレート、チーズ、醤油といった幅広い食品の分野で活用されている、非常に便利なもの。

泡盛フレーバーホイールは、それまでに泡盛や焼酎などで使用されていた表現を収集し、実際に市販されている泡盛を利き酒して感じられる香りや味についての表現を出し合い、整理することから始まった。ただし、全ての香りや味わいの表現について「良い」「悪い」といった印象は除外している。個人的な趣向をまじえず、一般化した表現であるべきという考えに基づいている。

そうして整理した用語は九九の数に上り、そのうち四九用語がフレーバーホイールの図中に採用されている。またその四九用語はさらに一七種類に分類され、その中でもひときわ目を引くフレーバーがある。古酒香に分類されている「白梅香」「熟れたほおずき」「雄ヤギ」。この三つの香りは、尚順男爵が残した古酒の香りを表現したものである。彼の書いた『鷺泉随筆』で、古酒の香りとして文中では香りを「かざ」と表現している。しかしこの三つの香り、現在はフレーバーホイールの図中に暫定的に掲載しているものの、現時点で香りの共通認識が得られていないことから、今後検討が必要だとも発表されている。

筆者の認識している古酒香については「三つのかざともう一つのかざ」の頁を参照願いたい。

泡盛フレーバーホイール

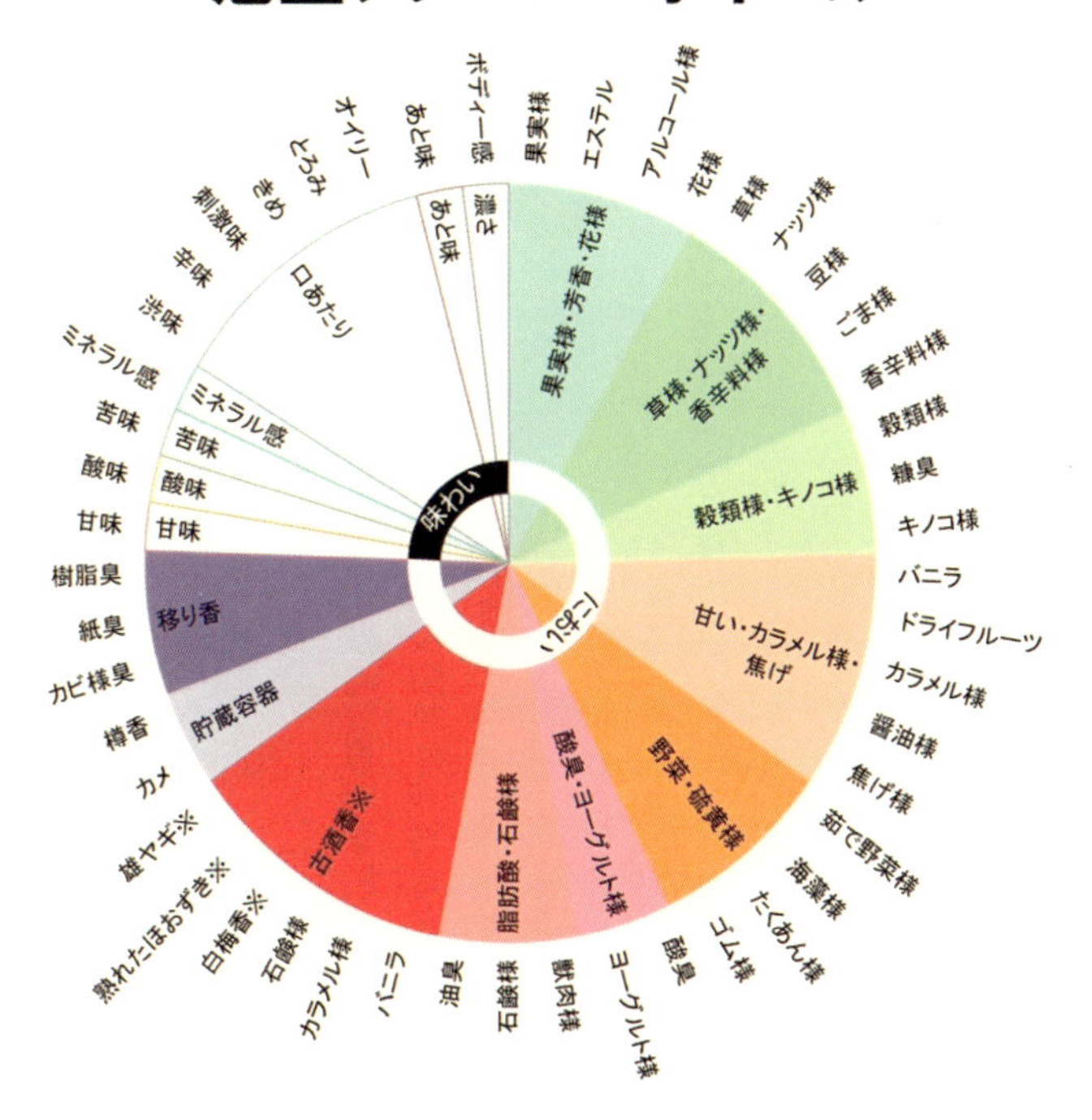

平成29年1月26日初版

沖縄国税事務所・沖縄県工業技術センター
琉球大学・沖縄工業高等専門学校のメンバーで作成
※については、共通認識が確立していないが暫定的に掲載

泡盛マスコット・シーサー君

先出のフレーバーホイールは、琉球大学、沖縄工業高等専門学校、沖縄工業技術センター、沖縄国税事務所のグループで作成し完成している。その中でも、当時泡盛の鑑定、そして文化普及にご尽力された沖縄国税事務所の主任鑑定官の小濱元氏（二〇二五年現在・熊本国税局鑑定官）が中心となって出来上がった。

その泡盛フレーバーホイールを身近に感じてもらうために、小濱氏夫人でイラストレーターの友子氏と息女の綸音氏（東北大学在学）のお二人のアイデアで、フレーバーホイールのイメージキャラクターとして愛らしいマスコットのシーサー君を誕生させた。沖縄のシーサーがフレーバーホイールの輪をかぶっているもので、三つのかざやソトロンの香りのイメージ、泡盛に出てくる香りを表現しているという。

詳しく紹介すると、カラメルの香りの泡盛は「カラメル様プリンつきシーサー」、バニラの香りの泡盛は「アイスクリームを持つあいすくりん」、白梅香の泡盛は「フレホ白梅飾り」、トーフ

カラメル様
あいすくりん
カラメル様プリンつき
泡盛
フレホシーサー
泡盛添え
ほおずき
フレホ白梅飾り
フレホと山羊

デザイン／小濱友子・綸音

ナビー泡盛は「ほおずき」、ウーヒージャーの泡盛は「フレホと山羊」など、様々なシーサー君で表現している。このキャラクターを使ったシーサー君ロゴマークデザインは、小濱元氏のご好意で、泡盛を愛する人ならばどなたでもフリーに使用することができるようになっている。

筆者は、マスコットキャラクターとして、いろんな種類のシーサー君を泡盛講演会でのパワーポイントや講義資料に挿入し使用させていただいている。甕を抱きかかえてにこやかなシーサー君のおかげで、フレーバーホイールが身近に感じられるし、特に若い学生たちには好評のようである。この愛らしくチャーミングなシーサー君たちの中からお好みのシーサー君をプリントアウトして泡盛ボトルなどに貼るなど、キャラクターと共に泡盛を楽しんでいただければ幸いと思う。泡盛への愛あふれる小濱元氏と夫人、そして息女に感謝している。

泡盛のテイスティング方法

人間それぞれにいろんな性格や個性があるように、泡盛にもそれぞれ独特の特徴が存在する。その特徴を探るのがテイスティングという方法。一見難しそうに思えるが、一度その方法をマスターし慣れてくると意外に簡単、いろんな泡盛にトライしたくなる。それぞれの香り、味わいの個性を確かめることができる。また古酒を育てる場合には、熟成がうまく進んでいるかどうかを知ることができるのである。テイスティングのやり方を学んでおくと、我々の五感の聴覚、視覚、触覚、嗅覚、味覚を使い、泡盛の特徴を感じ取ることができるようになる。

その手法を紹介してみよう。

❶視覚

泡盛は蒸留酒であることから、テイスティングするには、フルート型のワイングラスではなくワインを蒸留したブランデー用につくられた、口が少し広めのブランデーグラスを使用したい。

グラスは、小型タイプの方が使いやすい。泡盛と空気の表面積が多く、高さのないグラスの方が、香りが広がりわかりやすい。

　ブランデーグラスを使う理由としては他にもいろいろある。

　グラスに入れた泡盛の色をチェックしやすい。透明か、甕由来の琥珀色なのか。甕貯蔵であれば、泡盛の中の浮遊物もチェックできるし、仕次ぎの時に埃やゴミ混入がなかったかの確認がしやすい。

　グラスをクルクル回すスワリングで泡盛の粘りとされる粘性がチェックできる。サラサラしていれば、度数は低く熟成も若いことが考えられる。つまりライトボディの泡盛といえる。

　グラスに泡盛の液体の筋が付くぐらい粘性があれば、度数が高く熟成も進んでいることがわかる。度数が低い場合でも熟成していれば粘性があるがその場合、香りは弱くなっている。口に入れる前に、この泡盛のおおよその状態が可視チェックできるのである。

❷香りを探る　〈照屋充子式香探（かたん）法〉

　香りを探る方法として、一般に浸透していない筆者が見つけたオリジナルの方法がある。あえて「照屋充子式香探法」とネーミングしている。

　泡盛は蒸留酒なので、醸造酒である清酒・ワイン・ビール等にくらべアルコール度数が高い。

特に一般酒の場合、鼻をツンと刺すアルコールの匂いを最初に感じることになる。そこで香りを嗅ぐときに、片方の鼻から順に嗅いでいき、自分の頭の中でアルコールの匂いを引き算することが大切である。一気に両鼻で嗅がないこと。その理由はアルコールの後ろに隠れている繊細な香りに出会えないからである。

この引き算方法は、古酒ではなく、一般酒の場合に試してほしい。一方、古酒の場合には、ツンとしたアルコールの匂いがほとんど感じられなくなり、時間とともに甘い香りが変化していくので香りの足し算方法となってくる。

香りの第一印象のことを上立ち香（鼻を近つけた時にグラスから出る香り）という。一般酒も古酒もまずスワリングしないで香りを嗅ぐ。古酒の場合は、甘い香りである古酒香があるかをチェックする。そのため甘い香りが出るまで一〇分から二〇分そのまま置いておく。気温が低い場合は、三〇分から四〇分かかることもある。

次にグラスをスワリングして香りを嗅ぐ場合である。

スワリングとは、ワイングラスをぐるぐる回すアレである。スワリングすることで、空気と触れ合って泡盛が酸化し、その泡盛の持ち味の香りが広がってくる。一般酒の場合、スワリングすることで本来の香りがいくつも現れる。古酒の場合、スワリングしたあと時間とともに香りがどんどん変化していく。これが古酒の一番の楽しみ方である。

そして古酒ならではの特長である残香のチェックをする。空になった荒焼チブグヮーや荒焼グラスだと香りがわかりやすい。時間とともに香ばしい黒糖の香りやメープルシロップの香りが立ち上がってくる。荒焼で味わうと、香っている時間も長く楽しめるのである。

❸味わい〈照屋充子式味深法〉

味わいのチェックは、まず口に含んで、甘味、酸味、苦味、塩味を感じることである。味わいは、この全てのバランスが大事である。例えばミックスジュースを想像してほしい。甘味のりんごと人参、酸味にレモン、苦味にゴーヤーを入れてミキサーにかける。りんごや人参が多くても甘すぎて美味しくないし、レモンが多すぎても酸っぱすぎる。ゴーヤーが多すぎても苦すぎる。つまりそれぞれのバランスが良いことで美味しさにつながるのである。

筆者の経験値から言うと、大切なのは塩味である。塩味は、度数が低くても高くても感じられる。オレンジに酸味があるから甘味が活きてくるように、泡盛の場合、甘味と苦味と酸味の後ろに塩味が隠れている。この塩味があることで、甘味とコクのある深みを感じることができるのである。当然ながら泡盛には塩は入っていない。

一般酒の場合、甘味の他に酸味と苦味のバランスによってボディのふくらみを感じ、さらに塩味を感じた泡盛は将来、熟成に恵まれバランスの良い古酒となるであろうというチェックポイントになる。

さらにこの塩味は、最後まで重要なポイントとなる。古酒になったあとでも、この塩味を感じるか否かで、仕次ぎのタイミングのチェックポイントとなるのだ。塩味を意識しつつ、アルコール度数の変化と酸味、苦味が減少してボディ感が薄れてきた頃が仕次ぎの最適な時期と筆者は考えている。

塩味がわかるようになるためのトレーニングとして簡単な方法がある。砂糖だけで甘く煮た小豆と、塩少々隠し味で足した小豆の味わいを舌の先だけで比較し、そこから塩味の感覚を探ってみるのだ。ぜひ試して欲しい。

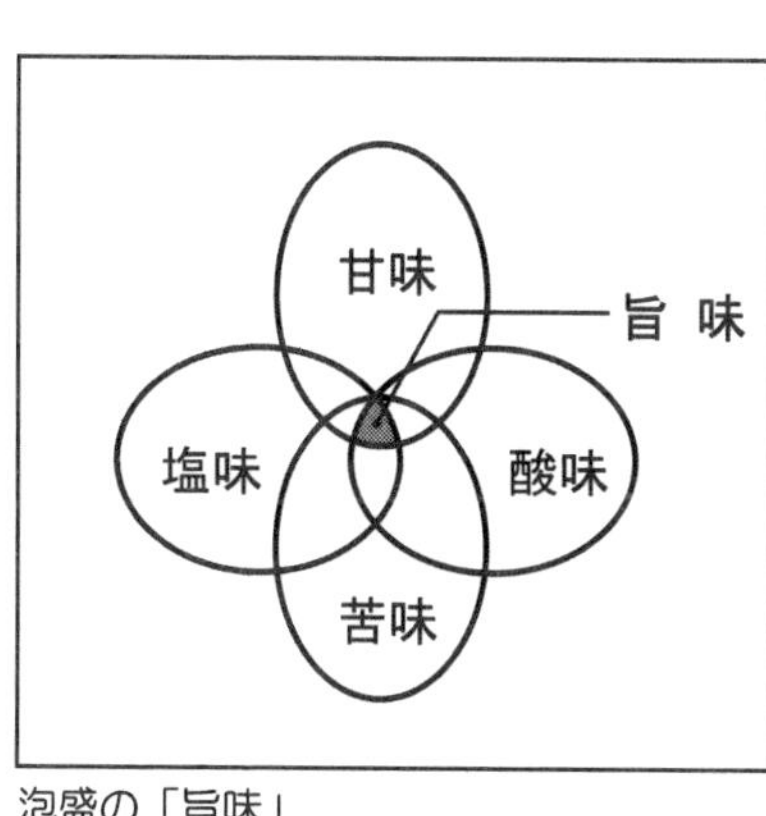

泡盛の「旨味」

つぎに少量を口に含んでアルコール感である「アタック」をチェックする。アタックとは、口に入れ、舌にのせたときの第一印象である。

熟成期間の長い泡盛は、アルコールの角が取れてまるくなり、舌を刺すツンとした刺激感がなくなり、熟成の度合いがわかる。

まず舌の中央に泡盛をのせて、その後、舌の先に戻し口全体に広げてみる。舌の先に戻すと、甘味、酸味、塩味をより正確に知ることができ、最後に喉へ移すことで苦味を感じることができる。

大半の人は、舌の中央にのせたまま喉へと流し込んでしまう。これでは、泡盛の良さは半減してしまい、泡盛本来の魅力を感知することができなくなるのである。

ちなみに、筆者は泡盛に限らず日本酒やワイン等でも同様な方法でその魅力の有無をチェックしている。

❹鼻に抜ける香り
香りを直接鼻で嗅ぎ、口で味わい、最後に鼻に抜ける香りをチェックしてほしい。喉へ通したとき、または喉を通さず外へ吐き捨てる場合――たとえばテイスティングトレーニングや、多くの泡盛を審査するなど飲み込まず吐き捨てるとき、その空気を鼻へ抜くのである。その瞬間が、風味としての香りであると考えてほしい。

❺残香・古酒の場合
荒焼チブグヮー、又はブランデーグラスに少量の古酒を入れ軽く回して、その後、中の古酒を

出しチブグヮーを空にする。内側が濡れた状態でしばらく置いて香りを嗅ぐ。バニラの香りであるバニリンの甘い香りや、ソトロンのメープルシロップや黒糖のような香ばしく甘い香りの強弱を探る。特に荒焼甕で熟成した古酒は、香ばしい甘い香りが出やすい。

数ある泡盛ではあるが、一般酒でも古酒でも、個性はそれぞれ違っている。しかし、テイスティングに慣れてくると、ある傾向の仲間、いわゆるグルーピングができているのがわかってくる。ここまでくれば、仕次ぎのときでも必要な傾向・方向性の泡盛を取りそろえる事にも役に立つ。また今飲むのに向いているのか、古酒としてじっくり育てる泡盛なのかも、次第に理解できるようになる。

テイスティングに慣れて、一家にひとりの「泡盛ホームソムリエ」として、多種個性ある泡盛を、いろんな角度から楽しんでほしい。

甕の蒸散について（ベルクマンの法則）

久しぶりに甕を開けてみると、前回仕次ぎの時の酒の量より減っていた、という事を時々耳にする。世間では「天使の分け前」などと称している。さて、その目減りのわけはなぜか、である。ここでは甕の大小や特質などから仕次ぎの頻度や回数に失敗しない、成功の秘訣を実例を通して紹介してみよう。

まず、蓋を考えてみよう。一般に荒焼甕は、釉薬のかかった上焼甕に比べ蒸散が多いと考えられる。蓋はしっかりと密着したものを選びたい。かつて、蓋はデイゴの木を加工して作られていたが、最近では、甕の口に合致した木製蓋の加工が面倒であることや、木蓋の劣化や腐食等の理由から、シリコーン製が手軽に使われているようだ。筆者は、三升甕まではシリコーンも使用することもあるが、五升甕から四斗甕は可能な限り木製蓋の制作を木工職人に依頼して使用している。シリコーン蓋も木製蓋も、その下にセロファンを敷くことが重要である。なお、セロファンについては、セロファンの頁に詳細を記してあるので参照願いたい。

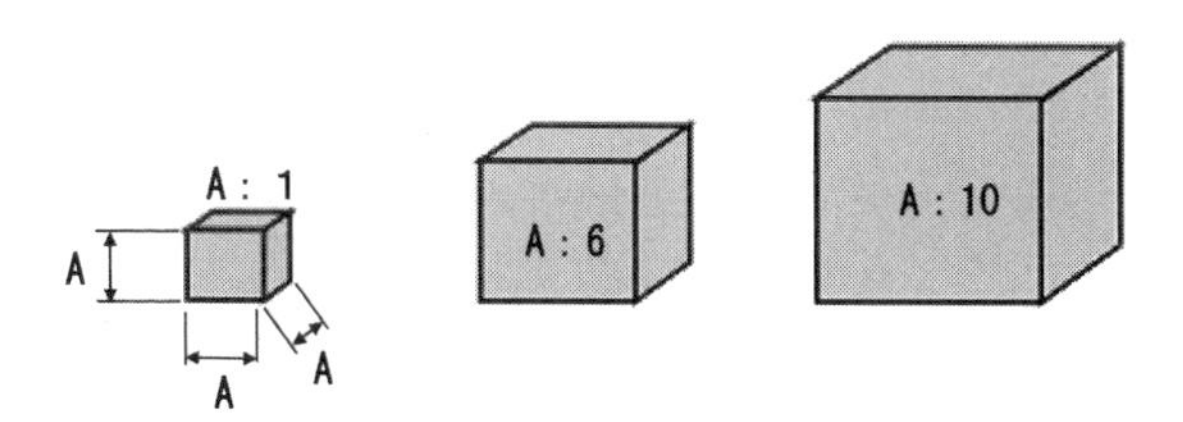

A:立方体の一辺	1	6	10
S:表面積	(1×1)×6＝6	(6×6)×6＝216	(10×10)×6＝600
V:体　積	1×1×1＝1	6×6×6＝216	10×10×10＝1000
S／V:表面積／体積	6／1＝6	216／216=1	600／1000＝0.6
体積が大きいほど・・・表面積の比率は小さくなる	6倍		1.6倍
		10倍	

ベルクマンの法則

さて、蓋の材質はいずれにしても、しっかり密閉されているとなれば、目減りはなぜ発生するのかである。当然ながら、甕が外気に接しているのは蓋と甕の表面ということになるが、蓋が密閉しているとすれば、疑われるのは甕の表面ということになる。

ドイツの生物学者クリスティアン・ベルクマンが発表した「ベルクマンの法則」（一八四七年）という考え方がある（図・表、参照）。わかりやすく説明すると「体の大きな動物は表面積の割合が小さくなり、体が小さい動物は、逆に表面積が大きくなる」という法則である。これを大小の甕に当てはめてみると、小さい甕の表面積は、大きな甕に比べて表面積の比率が大きいという事になる。したがって、大きな甕よりも小さな甕が外気に面している比率が大きいために蒸散も多くなると考えられる。たしかに、古酒愛好家からも小さな甕の目減りを時折耳にする。

ここからは、甕の大小など特徴を示しながら、失敗しそうな古酒甕を仕次ぎで熟成回復の例を示してみよう。

小さな甕の事例

・荒焼二升甕　三〇度
・二〇年以上寝かせる
・仕次ぎ無し

お祝いで頂いた三〇度荒焼二升甕を開封せずに大切に二〇年以上そのままにしておいた。子供が成人し、家族が揃ったハレのお正月に開封してみたら、泡盛が半分近くに減っていた。

相談を受けた筆者がテイスティングをしてみた。かすかに弱い古酒香の甘い香り、またアルコール感が弱く、味わいに力がない。いわゆる水っぽい感じがした。度数を調べてみると三〇度から半分の一五度に下がり、酸味苦味は感じられなかった。考えられる原因のひとつに、荒焼甕特有の蒸散により減ってしまったこと。そして先ほどの「ベルクマンの法則」によると、大きい甕に比べ小さい甕の表面積の比率が大きく、蒸散が進んだと考えられる。量が減ることで泡盛の力が弱くなり、度数も一気に下がったのであろう。度数がさらに下がれば、いずれ水同様になる。

二〇年にわたり家族の成長を見守ってきたこの古酒甕。そのままにしておくのは哀しい。熟成回復のために以下のような仕次ぎを勧めた。

まずは、三〇度の一五年前後の古酒を甕の一割である二合（360㎖）入れる。一年またずに二回目の仕次ぎは六か月後に同じく二合入れる。三回目と四回目も六か月後に二合入れる。

一回目の仕次ぎをしてから二年過ぎると、そろそろ落ち着いてくる時期。そこでテイスティングで確認した後、三合を抜き、度数三五度以上の古酒を三合入れて終了。あとは一年後の仕次ぎをするまでゆっくり寝かせる。この仕次ぎ方法によって、元々の古酒の度数も上げることができ、味わい香りの再生につながるであろう。

大きな甕の事例

・荒焼一斗甕　四三度
・三〇年寝かせる
・仕次ぎ無し

大きな一斗甕で一度も仕次ぎ無しの古酒のチェックである。この甕はシュロ縄巻きで甕の首が短く蓋のおさまりが悪かった。甕はキッチンの近くに置いていたのであろう。シュロ縄巻きと甕全体が油と埃でおおわれていた。まずその掃除から始めた。固く絞った濡れタオルで何十回も拭いて汚れを取ったが、油でべとべとだった。三〇年も蓋を一度も開けていないので、さぞかし蓋が開けにくいだろうと覚悟したが、軽々と容易に蓋は開いた。

案の定、甕の中の古酒は四分の一の量が減っていた。となると次に度数が気になる。予想通り四三度から二五度に下がっていた。中の泡盛は新里酒造所の三年古酒であった。香りは古酒香の香ばしいカラメルの甘い香りが広がっていたが、度数が下がったせいか、味わいは角のない滑らかでやわらかく喉をすーっと通る感じだった。仕次ぎ無しであったため、酸味、苦味、塩味が弱く古酒のボディ感は薄かった。この状態では急激に度数も下がり、香り味わいがさらに落ちてしまう。そこで仕次ぎをすすめることにした。

同じ酒造所の三ツ星四三度一八年古酒一升瓶のものを、一回目二升（3・6ℓ）入れ、一年後に二回目一升（1・8ℓ）抜いて一升入れることにした。二年後に三回目一升抜いて一升を入れた。これで三年経過し、アルコール度数も上がり、香り味わいも落ち着いた。

親酒が弱っているときは、活性化を図るために、少し大胆に抜いたり入れたりの仕次ぎも必要でである。この場合には、一斗甕であること、度数が二五度であったため、仕次ぎを一年おきとした。二〇年以上の三ツ星が手に入らなかったため、一八年古酒を使用した。その後、熟成は継続され、度数はまだ四三度にはなっていないが、酸味、苦味、塩味も感じられ、ボディ感も出て、芳醇な味わいに近づいてきたことが確認された、これからの熟成が楽しみな甕である。

甕の特徴の違いから事例を通して、仕次ぎの方法等を紹介してきたが、『松山王子尚順遺稿集』収録「鷺泉随筆」の「古酒の話」のなかに興味深い一文がある。

「（前略）酒精の放散と、自然の減量とを防がねばならぬ。殊に容器が小さければ酸敗の度合いは益々早く来るから、所謂仕次ぎを準備して此れ手当を怠ってはならぬのである」

先人も甕の大小が酒質の変化を知って気にしていたことがわかる。つまり大きな甕に比べ、小さな甕の蒸散の速さは、先の「ベルクマンの法則」や尚順男爵の経験からも理解できるのである。

今日、我々が古酒を育てるときには、荒焼・上焼、甕の大小サイズなどの特徴を知って、仕次ぎの頻度や時期・回数等を誤ることなく意識していたいものである。

移り香に注意

大切に育てた古酒が、久しぶりに開封してみると、思いもよらぬ事態になっている事例を紹介して、その回避法を伝えてみよう。

我々は、普段無意識に鼻で匂いを感じ取っている。その匂いについていろいろな呼び方をしている。良い匂いと感じるときは「香り」と表現し、悪いと感じるときは「臭い」となる。一般的にそのような感情を入れない場合に「匂い」と表現されているようだ。

泡盛の一升瓶や甕を大切にするあまり、あるいは家族に内緒で高価な泡盛を購入してしまい、押し入れの奥にしまい込んだとの経験談を時々耳にする。実はこの貯蔵場所、気を付けないと大切な泡盛が想定外の「匂い事故」にあうので注意が必要である。

泡盛のテイスティングする中で「移り香」という言葉がある。「香」という字が入っていることから「良い香り」に関する言葉だと想像できる。その通りで、本来は甕に貯蔵していた泡盛の古酒に長年の甕と古酒が育んだ香りのハーモニーが付与されたことを表現したものである。ところが最近では、逆の場合の「移る匂い」として使われるようになった。つまり、移り香による「匂い事故」である。瓶や甕の外から予期せぬ悪い臭いが移ってしまった香りで、本来であれば、「臭い」と表現するべきであろう（ここでは匂いで統一する）。

押し入れに入れっぱなしで長年おいてしまった。記念すべき日に出して開けてみると、驚きの事態、押し入れの湿気と樟脳（しょうのう）の匂いがしっかり移ってしまった。そんな事例を審査等で数多く目にしてきた。どんな匂いかというと、少しカビ臭と生乾きの洗濯物の匂いが合わさった上に、樟脳の匂いに、特徴的なユーカリのスースーした匂いがする。特にナフタリンやパラジクロベンゼン系の防虫剤が押し入れのどこかに入っていたら、さらに匂いがきつくて、口に含む気も起らないほどになる。

このひどい匂い事故の移り香となった例が、泡盛愛好家の泡盛仕次古酒・秘蔵酒コンクールの出品の中にあった。甕に貯蔵していて一度も仕次ぎをしていなかったため、その匂いに気が付かなかったのだろう。たとえると桂皮やメントールなどの生薬を配合した丸薬の仁丹の匂いだった。テイスティングすると、薬品臭が舌から鼻に抜けていった。筆者は「早々に甕の中から泡盛を抜かないといけない事態」とコメントしておいた。

この例だと、甕の半分入れ替えする程度の仕次ぎでは匂いは消えないだろう。方法としてはせっかく育てた古酒だが、甕の古酒を全て抜いて料理酒に利用する。そして甕をよく洗浄した後、お湯に数日間つけて、甕からこの匂いを取るリセット作業が必要とされる。

審査後のアドバイスとして、沖縄国税事務所から当人にその旨が伝えられた。

押し入れは、空気の流通等の動きが悪く、湿気もこもりやすい場所となる。おまけに衣類の防虫剤として樟脳を入れている人もいるだろう。最近では、押し入れに良い香りを漂わせたいと、香り用のアロマグッズを置いたり、収納した衣類から洗濯で使われる柔軟剤から、移り香事故となってしまうことも多い。化粧品のような移り香となってしまうのである。

瓶や甕は、床の間などの開放的な場所に並べて置くことが理想的であろう。しかし、昨今の狭小な住宅事情や、不用意にぶつけるなどでの破損を危惧して、押し入れのような風通しの悪い場所に収納してまうと、せっかくの古酒が事故酒となってしまう恐れがある。古酒を育てる瓶や甕の置き場所には、十分な注意が必要とされるのである。

甕とセロファン

フラワーショップでプレゼント用に花束を注文すると、透明なシートでラッピングしてくれる、これがセロファン。花が折れないようにすることと、花の透明感と美しさを引き立ててくれる役目である。実は泡盛の熟成にもこのセロファンがひと役買っている。甕と蓋の間に敷き込むのがこのセロファンである。しかし泡盛では、花束用とは別の種類のセロファンが適していることはあまり知られていない。

美味しい泡盛を育てるには、熟成が必須である。その時、欠かせないものが貯蔵用の甕である。その甕と蓋の間に敷き込むセロファンに注意が必要なのだ。ラッピング用のセロファンを使用するとプラスチックのような匂いが付いてしまうのである。

適切な蓋・セロファンの設置のしかたを紹介しよう。

そもそもなぜセロファンが必要なのか。甕の蓋の内側にセロファンを三〜五枚ほど敷き込むことで、蓋と甕との間の密閉性が高まり、甕の中の泡盛の蒸散を抑えて泡盛の度数を可能な限り維持することができるのである。さらに蓋の臭いが泡盛に移るのを防止する効果がある。

　以前は蓋にデイゴなどの材質の木を加工して使用していた。しかし木が腐敗してしまうことや、破損し密閉性に欠け、カビが発生することが問題になった。それで最近では、シリコーン栓が主流になってきており、そのお陰で密閉性は高まっている。ところがシリコーン栓の場合は不快な臭いが移ってしまうことになる。

　このシリコーン栓、日常生活で聞きなれた言葉は「シリコン」だが、「シリコン」と「シリコーン」は別ものである。シリコンは自然界では、ケイ素（Si）として存在し電子機器に使用されている。一方、シリコーンは、シリコンを元にした合成化合物で、日用品に使用され、人間の体にも比較的安全とされている。甕の蓋にはシリコーン栓であるが、シリコーンにゴム弾性をもたせるために、加硫剤が添加されている材も存在する。この加硫剤に匂いがついている場合もあるのでシリコーンだからと安心してはいけないのである。

「蓋の臭い……？」と疑問を感じる人もいるだろうが、泡盛は度数が高いため液面からアルコール分が蒸散される。蒸散したアルコール分は蓋の底面に付き、それが雫となり、甕の泡盛に落ちるのである。たかが一粒、二粒の雫だが、侮ってはいけない。せっかく熟成しつつある甕の中の泡盛、その味や香りを大きく変えてしまうのが、この雫なのである。蒸散によって蓋の底についた雫は、時間をかけて石油系の臭いに移り香雫（しずく）となり、甕の泡盛の酒質を下げてしまう。また高温多湿の部屋に置いて蓋の開封数も少なければより臭いは強烈になり、残念な事態になってしまう。

さて、その品質を損ねた泡盛をチェックする方法である。長い期間貯蔵した泡盛を開けたとき、熟成香として醸し出される香りのひとつにカラメルのような甘い香りや黒糖の焦がした香りが広がるのを経験した人も多いと思う。その開封は心ときめくシーンでもある。ところが、なんとなくオイリー、いわゆる油っぽくプラスチックのような臭いがする場合、それが蓋の原因でついてしまった臭いだと思ってほしい。その欠点を解決してくれる素材がセロファンなのである。

ところが、セロファンにも種類があり、適切な種類を使用する必要がある。セロファンは、大きく分けてスナック菓子や冷凍食品などの個包装や外包装に使われるプラスチックフィルムと、パルプから製造された透明のセロファンがある。つまり石油系（ポリプロピレン）ＯＰＰフィルムと植物系（セルロース）セロファンに分かれる。甕には植物系でつくられたセロファンを使用していただきたい。間違えてＯＰＰフィルムを使用してしまった場合、オフフレーバー（異臭）としてプラスチック臭が泡盛に移ってしまうのである。オフフレーバーとは、本来その食品にない、あるいは感じられない匂いのことである。

意外にも長い期間、古酒を育てている方でも、この勘違いをしていることがある。次の世代に間違えた知識を伝えないためにも、シリコーン栓とフィルムの知識をもって古酒を育ててほしいものである。前述したように、甕の蓋の内側にこの防湿セロファン三〜五枚程度を重ねて敷き、しっかりと蓋を閉めて適切な場所で甕を貯蔵してほしい。セロファンの交換は定期的な仕次ぎのタイミングで良い。このひと工夫で、甕の中の泡盛を守ることができた上に熟成が楽しめる。一度泡盛についた蓋の臭いはなかなか除去することは難しいので、はじめが肝心である。

　甕蓋の下部に敷いたセロファンに雫がついているのを仕次ぎの際に目にすることがある。これは何なのだろうか。雫をとって口にしてみた。泡盛の香りも味わいも弱い。一斗甕に入れた泡盛の度数は元々四四度であったが、セロファンの雫は三〇度であった。一〇度も低い雫になっていたのである。他の甕も調べてみたが同様な結果であった。

甕の下セロファンにつく雫

　エタノールは水より沸点が低く七八・三度、水より早く気化するのである。逆に、気体から液体になることを液化や凝縮（ぎょうしゅく）というが、液化しやすさは蒸気圧に従うのである。エタノールの方が水よりも蒸気圧は常に高いため、同じ温度では液体になりにくい。つまり、甕の中でエタノールが空気層に充満している状態では、先に液化するのは水である。よってセロファンについた雫は、アルコール濃度が低くなると思われる。これは、甕の中で常温蒸留が行われている状態ともいえるかもしれない。

容器の大きさと口

泡盛の貯蔵の容器の形状やサイズも酒質に影響を与えるので気を使う必要がある。ある事例を紹介したい。泡盛愛好家が特注で製作した一石（180ℓ）のステンレスのタンクに四四度の泡盛を入れて二〇年以上寝かせた古酒の春雨を口にしたことがあった。この古酒は、一度も仕次ぎをしていないという。口にして香りが広がるまでワクワクしながら待ってテイスティングを始めた。バニラの甘い香り、そしてダークチョコレートを思わせる香りが鼻に伝わった。口に含むと、実にまろやかで角のとれたなめらかな味わいである。骨格となる苦味も塩味も感じられ酸味は弱く深みがあり芳醇だった。残香も素晴らしく立ち上がり、楽しませてくれた。まろやかで舌の上の度数の感覚はほぼ三八度だろうと思った。度数計で計ったら元の四四度は三六度に下がっていた。仕次ぎ無し二〇年以上経過で八度下がっていることに正直驚いた。その理由は、一石の量でこれほど度数減少になるだろうかと疑問に思った。

さて、この度数減少は何が原因か。容器のステンレスタンクに何らかのわけがあると考えた。

例えば、甕に入れた泡盛であれば、焼き締めがあまいとか蓋の密閉性に欠けることが一般に考えられる。この場合、器の材質の問題ではなくステンレスタンクに原因があるのだろうか。となれば容器の形状だろうと考えた。通常、甕では、頸部がくびれて細くなっていて、入れてある泡盛の表水面の空気層に接する面は、当然ながら小さくなる。一方、ステンレスタンクは、円柱になっていて、泡盛表水面は、タンクと同じ上面サイズの空気層に接することになる。おのずと甕に比べて空気層に接する面は大きくなるのである。泡盛が空気に触れている面積が大きければ大きいほど酸化や度数が下がることは、おおよそ察しがつく。タンクは、蓋でしっかり閉じられているので蒸散は少なかった。蒸散に問題がないとすれば、元々、表水面ぎりぎり入れてあっても、空気層に長い期間触れていたことになり度数減になったことになるだろう。

この例で、泡盛を貯蔵する容器は、口の部分の表面積が小さくなるものを選ぶか、又は甕のようにタンクの入り口部を小さめにして、空気層を小さくするタンクの造りにする事が大切とわかった。甕の場合は、中の空気圧で蓋が閉まらないため甕の八割まで入れる。また、このような容器に貯蔵する場合には、時々仕次ぎをして、度数をチェックし容器の容量にも関係するだろうから、容器に合った仕次ぎのピッチ（時期）を知っておくことが肝要だろう。

山里永吉氏の「尚順男爵と私―鷺泉松山王子伝」（『松山王子尚順遺稿』）に次のように書かれている。「古酒のできぐあいは壺の大きさと、口の広さにも関係があり、その均衡がうまくいってい

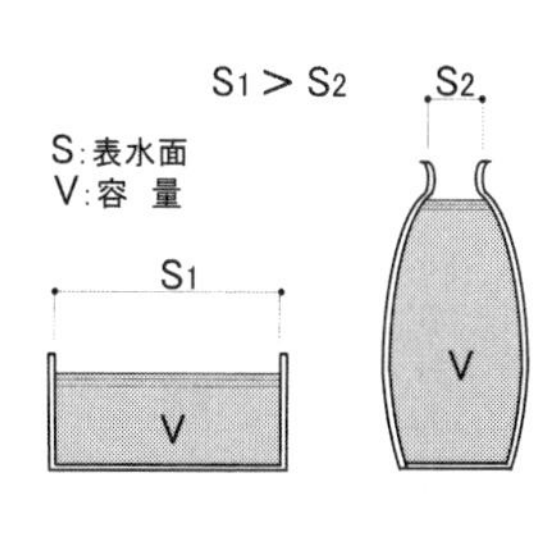

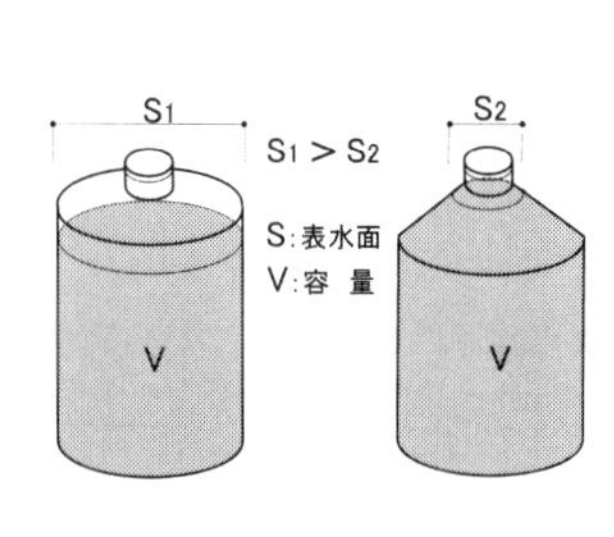

る壺でなければ、良い古酒はできないという説であった」。ここでいう壺とは、六〇〇年前にタイ国から輸入されたシャム南蛮のことである。ほとんどが一斗以上の大きさで、壺の胴部が膨らんだ形から、頸部がくびれて、ほぼ底部と同じ大きさのバランスが良い壺である。壺が大きいと口（頸部）の広さも比例して大きくなることから、そのバランスについて言いたかったのだろう。

筆者は、古い酒造所を訪ねる折に、一石ほどの大きな甕を目にする事がしばしばある。聞くと古くから古酒貯蔵用に甕として使っているという。今日では、このような大きな甕を個人的に入手する事は、物理的に厳しい。しかし、ステンレスなどの金属素材を加工すれば、大きさを気にせず入手できる。となれば、甕の頸部の小さい特徴をヒントに、ステンレスタンクの頸部も小さくすれば、空気層の表水面を小さくできるのである（上図参照）。

先人の考えた甕の形に、貯蔵の古酒泡盛のこだわりを学んだ事例であった。このステンレスタンクが今後、仕次ぎを重ね、数年後にどのような味わいの古酒に成長するかが楽しみである。

長期貯蔵と瓶の蓋王冠

泡盛を入れてある容器の蓋は、入っている酒質を悪化させてしまう恐れがあるので注意が必要である。個人で所有する甕の蓋は、シリコーン製や木製など自分でチョイスし、セロファンを入念に敷いて（その仕様は別頁）甕の蓋とすれば一応問題はない。しかし瓶詰めされた泡盛の蓋の一部で問題が起きることがある。店頭に並んでいてある程度製造から日の経ってない酒を開封し、すぐに飲むには気にしなくていい。入手して開封せず瓶のまま熟成を考えて寝かせている場合には、注意が必要となる。

まず一〜四合瓶である、開封して瓶の蓋内側をしっかり見たことがあるだろうか。四合瓶までは蓋の内側に、白いパッキンが入っている。これはソフトロンPPといわれるものである。蓋の中に密着することで中の泡盛を漏れないようにしている。成分は、高い耐熱性を有するポリプロピレン（PP）樹脂で硬く、高温にも強く、強度・耐薬品性ともに優れているという。繊維としても利用され、速乾性も高く、紙おむつや肌着、衣類などの素材としても活用されている材質である。

この白パッキンのおかげで、何年寝かせても泡盛の香りに蓋の匂いが移る心配はない。実際、筆者も周りの泡盛愛好家からも、この蓋からの問題が起きた事例は未だに聞こえてこない。

問題は、一升瓶である。一升瓶の蓋はたくさんの種類がある。瓶に密閉できるよう蓋にポリ栓が付いている。そのポリ栓先端に貼ってあるフィルムは「スポット」と呼ばれている。その仕様がいろいろと異なるのである。

一升瓶の蓋の歴史

沖縄県酒造組合の協力の下で蓋の変遷を調べてみた。一升瓶においては、二〇〇七年までの「王冠アルミ貼り」から「王冠アルミ無し」に変わったようだ。理由は、蓋の開封回数が多くなると、栓についているアルミ箔が摩耗し剝がれて泡盛の中へ落ちる現象が発生するからである。またその当時、蓋のゴミ分別の際の指摘と原料高騰という理由で、アルミ無しに変わっていき、二〇〇七年以降、プラスチックの蓋が主流になってきたようである。各酒造所は、そのまま「王冠アルミ貼り」を今でも使用しているところもあれば、全てプラスチック蓋に替えてしまったところもあり、その対応は様々である。ここで、その蓋の問題点について紹介したい。

長期貯蔵に適切な蓋

長期貯蔵に不適切な蓋

長期貯蔵に適切な蓋

昔からよく見かける、蓋天面が金属で内側がポリ栓にアルミ箔（金色や銀色）が付いている蓋。アルミ箔が内側に面し、金属やポリ部分と泡盛上水面と非接触面となっている。近年、多様されている蓋は、すべてプラスチックでポリ栓にスポット（フィルム）が張ってある。これも、スポットが、泡盛上水面との非接触の役目になっている。

長期貯蔵には不適切な蓋

材質すべてがプラスチックでスポットなし、又は王冠AL（アルミ）無しの蓋には注意してほしい。頻繁に蓋を開封し、泡盛を飲みきる場合には、特に問題はない。しかし、長期貯蔵の場合、蓋のプラスチック様の匂いが移ってしまう心配があるのである。

過去に起きた問題のあった事例を紹介してみたい。

県内離島で有名な泡盛酒造所製造の一升瓶を熟成した古酒に育てようと二五年前に購入した。一般酒ではあったが高価だった。大切にする気持ちで部屋の一番奥の隅に置いていた。開封して蓋のチェックをするのがもっ

長期貯蔵に不適切な蓋

たいなく、購入してそのまま封を切らずにいた。昨年、二五年という歳月がたち、開封して、蓋の内側を見たところ、全体がプラスチック蓋であったため、一瞬焦りを感じた。案の定、開封瞬間にプラスチックの様な強烈な匂いが広がった。入手直後に開封して確認し、別の適切な蓋に交換していればこの失敗は起きなかったと反省した。恐るおそるテイスティングをしてみると。味わいは、口の中も鼻に抜ける香もプラスチック臭で、これには参った。辛い失敗談だが、貴重な経験だと思うことにした。同じ失敗をしないよう一升瓶の蓋には是非とも気をつけていただきたい。

また高温多湿な部屋に置いておくと、数年で泡盛がプラスチック様の匂いとなってしまう心配があるので、これも要注意である。

開封と同時にポリ栓にスポットが確認できた場合でも問題が生じることがある。開封後、蓋を開ける頻度が多くなると、ポリ栓についているアルミやフィルムは、開封時に剥がれてしまうこともあるので、気をつける必要がある。

要は、入手直後に一定期間で飲み干してしまう場合と、貯蔵用に保存しておく場合の違いにより、それぞれ蓋に対して注意が必要になるのだ。

たかが瓶の穴を閉じているだけの蓋と侮ってはいけないのである。

琉球の陶器の流れ

琉球における陶器の歴史概要を記しておきたい。東アジアの中国、朝鮮（韓国）そして現在の日本は、世界でも陶磁器文化の盛んな国として知られている。当時の琉球は近隣諸国では日本や中国、朝鮮、遠くシャム（タイ）、ジャワ（インドネシア）、マラッカ（マレーシア）までの航海を通じて交易してきた。琉球王国の繁栄の背景には海外貿易の繁栄があることがうかがえる。

当時、琉球では登り窯を使う陶器生産は本格的に行われていなかったとされている。その中で陶磁器は交易相手の諸国からの技法の影響を受けながら、琉球独特の陶磁器文化が成熟したのである。そして一七世紀になると、大壺を琉球で生産するようになった。

見える歴史の破片

現在の那覇軍港内にある御物城跡（おものぐすくあと）は、当時、交易の輸入貨物を収納した倉庫があったとされている。もちろん、その倉庫を目にする事は出来ないが、『朝鮮王朝実録』一四六三年の条によ

御物城跡（萩尾俊章氏提供）

ると「那覇江の海岸に城があり、酒を納める倉庫が存在した。その中には清・濁の酒が大きな甕に満ち溢れていた。この清は、蒸留して澄んだ酒、濁は白く濁った酒であった。また酒庫は一年物、二年物、三年物にわかれていた」とある。この大きな甕とは、シャム国から来たものだろうと思われる。このことから、この時代から古酒を育てていたことが想像される。この御物城は、独立した岩礁で堅牢な城のように石垣で囲ってあり、入口はアーチ型の門になっていたらしい。当時、この場所へ行くには小舟で湾を渡る必要があった。現在はアメリカ軍の基地内になっているが、今日でも、当時中国方面から持ち込まれた青磁、天目、白磁、染付などの破片が散乱している。

海外から陶工技術

一六〇九年に島津の琉球侵攻によって多くの貴重な文化遺産は焼失や散逸したとされている。その上、中国との交易にかかる財政的な負担をはじめ一般庶民の生活は日々苦しくなったという。そこで王府は、島内産業を興して生活必需品などを自給自足する対策を立てたのである。例えば、織物では尚寧王時代（一五八九～一六二〇）に儀間真常が木綿をもたらし、各地へ広めている。漆器も紅型も同様に盛んになったのである。

陶器は、今から四〇〇年前、尚寧王が世子である尚豊（後に尚豊王［一五九〇〜一六四〇］）を通して薩摩に願い出て朝鮮陶工の三人を琉球に招いている。一六一七年から一六、一官、三官を招いて湧田窯で陶器の技術指導にあたらせている。この陶工たちによって現在のやちむんの基礎ができ、今日まで広まったのである。これが荒焼のはじまりとなる。後にこの三人のうち一六だけは仲地麗伸と名乗って帰化し、沖縄のために功績を残し、その末裔の名は今日も知られている。

また、『琉球美術各論』（鎌倉芳太郎著）によると、朝鮮陶工渡来以後、沖縄の陶業が「次第に隆盛に赴いた」と記述されている。鎌倉芳太郎は、美術教師として赴任した沖縄県で琉球国時代からの伝統芸術や文化に心を奪われ、琉球芸術調査を始めた人物である。特に大正時代に首里城正殿の取り壊しを阻止しようと奔走した人でもあり、失われていく文化を記録・収集し残した人でもある。ガラス乾板、写真資料、調査ノート、文書資料（原稿・筆写本・他）、紅型資料（型紙・他）、陶磁器資料などは沖縄県立芸術大学に収蔵され、重要文化財に指定されている。これらの貴重な資料の一部は、かつて平成の首里城復元にも活用されている。

育った沖縄の陶工

また、尚貞王時代（一六六九〜一七〇九）になると琉球の陶工も活躍することになる。当時、琉球の名工といわれ、唐名を宿藍田（しゅくらんでん）と名乗った平田典通（ひらたてんつう）（一六四一～一七二二）である。一六七二年、王命で中国へ渡り三年間みっちり陶技を磨いて帰国する。その後、国王の御用の品々を数多く作って献上している。平田は、中国より上焼と現在の赤絵、上絵付けのことだといわれている五色玉の技法を習得し、上焼に釉薬を工夫し、茶壺・茶碗を製作している。業績のなかで、赤絵をはじめ釉薬の作り方などの技術をもたらしたことが琉球陶工史に名を残している。

中国から帰国した平田は、湧田窯で精力的に陶器を製作する。湧田で古くから焼かれたものに灰色瓦と荒焼甕があったといわれている。当時この湧田窯で薩摩から招聘された三人の朝鮮人陶工をはじめ、平田やその弟子たちが活躍した時代である。後に王府は平田へ首里桃原に家屋敷を与えている。当時、首里城の大がかりな改築工事が行われていたため、屋根に使用する龍頭瓦等を近くの宝口窯で製作するためだったといわれている。その二年後、壺屋の土質が荒焼に適していたうえに、立地も首里王府に近かったため、首里王府は荒焼の製作のために、わざわざ知花窯、宝口窯、湧田窯の三か所の窯場を統合して窯が開かれた。一七世紀に生産が始まった無釉大壺は一九五〇代まで主力製品として生産・販売されている。

近世琉球の士族層が保管していた先祖の事績を記した家譜のひとつ『柳姓家譜』には、浦崎親曇上康盈の経歴として、一六六八年に御用酒壺の検品を行った旨が書かれている。

また一七一六年に王府に提出された前壺大工花城親曇上による褒美願い書にも、王府が知花窯や湧田窯で御用酒壺を作っていたことが記されている。しばらくの間、壺屋は王府の監督のもとに荒焼を製作したため、一層、荒焼の技法が上達したとも言われている。

壺屋は、琉球王国が滅亡し沖縄県となったあとも陶業の地として続いた。昭和一四年の暮れから翌年の正月にかけては、日本民芸協会一行が来県し、沖縄の工芸文化全般にわたって調査を行う。一行は特に焼き物の素晴らしさに目を奪われ、『琉球の陶器』（昭和一七年発行）で壺屋の様子が紹介されている。「壺屋と上焼」の題で書かれている一文に当時の風景がわかるので紹介しよう。

「壺屋と云ふのは十八軒の南蛮甕（焼締、泡盛甕）を焼く家と十一軒の上焼屋（所謂琉球焼）と幾軒かの瓦屋とからなる部落の総称である。此の部落の入口の南蛮焼の大きな窯は、先づ此の未知の壺屋を示す最初の素晴らしい標識である。」

南蛮焼の大きな窯とは、現存する荒焼の「南ヌ窯」のこと。この窯は別名「御拝領窯」ともいわれ、壺屋村が王朝時代に拝領した窯のひとつで歴史的にも陶芸史からも貴重なものである。現在、県の文化財に指定されている。戦前は、この一帯が荒焼の中心をなし、その周辺にいくつもの荒焼窯があったといわれている。

これまで、壺屋では、荒焼、上焼、アカムター（赤絵）が作られていた。荒焼では、大物の酒甕、水甕や徳利、カラカラの小物に至るまで作られていた。特に水甕用として制作されたのは、広口の甕型で高さが約九〇～五〇㎝、口径四五～二五㎝であった。生きていくために必要な水だけに、大きく作られている。貯蔵用として泡盛、味噌、醤油、穀物などを入れた口が狭い胴張の壺型は、高さ約七五～六五㎝、口径約二〇～一五㎝だった。宮古・八重山諸島では、細口の壺型が屋根の軒や木々からシュロ縄でたらし、雨水を溜める容器として多用されていた。昭和一五年頃になると、当時の沖縄県陶器工芸組合では従来の焼き締めの壺に釉薬を施した改良壺が作られるようになったという。

戦後は生活形態が大きく変わった結果、各家庭に水道施設が完備されることにより水甕が不要になる。また、生活スタイルの変化により家族人数も縮小してくると、自家製の味噌を作らなくなって、容器も味噌甕から簡易なプラスチック製に変わっていく。さらに、食用油の普及により豚脂が家庭で使われなくなってアンダーガーミー（油壺・耳壺）が姿を消してしまった。以前まで多量に作っていた酒甕や、もろみを仕込む大甕などの注文が激減してしまう。酒造所のほとんどが、今やステンレスタンクが主流になっている。

背景には大きな荒焼甕を作れる陶工が減ってきたことや手軽に製作しやすいステンレスタンクの普及に原因があるのだろう。時の流れと共に文化は変わっていくのは致し方ない。しかし、時折訪れる離島の古い酒造所で、大きな荒焼甕が今も活用されているシーンを目にすると、当時を偲んで懐かしい気持ちになる。

荒焼甕・響きの見える化

泡盛貯蔵の甕、その種類や特徴、そして焼き締め具合を耳で確認できる方法を紹介してみよう。

尚順男爵が「鷺泉随筆」の中で良い甕について下記の様に書いている。

「先ず特徴として一番わかり易い点は、指で弾けば磬（けい）の如き鏗鏘音（こうそうおん）を発し、摩擦する程よい色沢が出るのである」


つまり、焼き締められた甕を軽く叩くと、金属のような高い音がするというのだ。

たしかに荒焼甕の特徴として、軽く叩いてみると、金属音のような高いキーンとした音が鳴る。響きの余韻が長いものもある。特に甕の胴部が薄いものほどそれを感じる。これが焼き締められた甕であろう。焼き締められた甕は、蒸散が少なくゆっくりと熟成していくので古酒を育てやすいと思われる。焼き締めがあまいと、蒸散する量も多く、気がつくと甕の中の古酒がかなり減っていることになりかねない。また、甕土からのミネラルの溶出も多いと考えられ、色、香り味わいに影響を与えると思われる。

荒焼五升甕

シャム南蛮四斗甕

タイ国と琉球の交易時代にタイから来た大きなシャム南蛮甕の多くは、甕上部は上焼で下部は荒焼である。筆者所有のシャム南蛮甕も同じである。この時代にはしっかり焼き締められたものは少なく、焼き締めがあまい。よって、甕の中の泡盛が琥珀色になる甕もあるので、半年に一度は容量の一〇％程度仕次ぎを必ずしている。そのままにすると、さらに濃色となり甕の香りが強く出てしまう懸念がある。

一方、荒焼甕で貯蔵する特徴は、甕の陶土からのミネラル分が溶出することにより、甕ならではの熟成効果が高められ、ソトロンの香ばしい黒糖やメープルシロップの甘い香りが出てくる。これは甕ならではの香りである。特に残香に甕貯蔵の古酒香として、黒糖の香りやメープルシロップのような香ばしい甘い香りを感じることができる。

甕貯蔵は、甕の数だけ香り味わいが微妙に違うので、唯一無二の香りや味わいの変化を楽しめる。泡盛愛好家が甕貯蔵にこだわるのは、このあたりであろう。

また、瓶貯蔵でも泡盛本来の熟成した泡盛が楽しめる。古酒になることで、バニリンの甘い香りの熟成香が立ち上がる。瓶貯蔵は、焼き締められた甕よりもゆっくりと熟成し、上焼甕と同じくらいの熟成期間がかかる。瓶は、甕のように置くスペースにも困らないし、蓋や、置き場所の環境に注意すれば熟成過程で失敗することはほぼない。甕用の仕次ぎ酒としても良いし、そのまま熟成を楽しんでも良いので、現代の暮らしに見合った貯蔵法であると言えるだろう。

昔から荒焼甕を酒甕にした話

荒焼を作ってきた老陶工の貴重な体験談を紹介したい。荒焼と上焼との違いについての話である。

戦争がはじまり、壺屋の人々もみな田舎の方へ避難することに決まった。その時、上焼の壺と荒焼の甕におのおの籾をいっぱい入れて密封し、山と積まれた屋根瓦の中に隠しておいた。戦争も終わり、壺屋に帰って、以前隠しておいた二個の壺と甕を探したら、やっと発見することができたという。幸い二個とも無傷であった。しかし、上焼の壺に入れておいた籾は湿気のために固まって食べることができなかった。それにひきかえ荒焼の甕のなかの籾は、なんら変わることなく美味しく食べることができたという。上焼壺は、上薬がガラスコーティングされているのと同じなので呼吸ができない。一方の荒焼甕は、素焼きなので甕の中と外で呼吸しているかのようで湿気が溜まりにくかったと思われる。沖縄では昔から荒焼の大甕に、味噌や豆、その他の穀類を入れて保存しているのも、そのあたりに由来するのだろう。つまり荒焼は、昔から食品を保存するのに適しているとわかっていたのである。

昔の陶工が語った興味深い例をもうひとつ紹介しよう。

荒焼と上焼のカラカラの中に泡盛を入れて栓をしておいたという話である。数日後、上焼のカラカラの古酒は水っぽくなっているのに対して、もう一方の荒焼のカラカラの古酒はしだいに風味を増して美味しくなったという。カラカラの場合、しっかり栓をしたと言っても、入れ口と注ぎ口の二つを完璧にしたかどうかわからない。少しでも開いていれば泡盛が蒸散したりして、空気との酸化によりアルコールも少し抜け、まるで気が抜けた味わいとなったのだろう。また、釉薬のカラカラは、ミネラル分が酒に触れるのをさえぎってしまうことから水っぽいと表現したのだと想像できる。

ではなぜ荒焼の方はしだいに風味を増して美味しくなったのか、である。それは、荒焼は中と外で呼吸していること、カラカラの陶土成分と泡盛が直接触れていたと考えられる。荒焼のカリウム、カルシウム、鉄などのミネラルが、泡盛の成分の化学変化を促進する触媒効果があると考えられていることから、美味しく感じられたのだろう。また、荒焼酒器に入れた水の話である。筆者は泡盛を楽しむとき、ピッチャーとして水を入れておく容器も荒焼のピッチャーを使用する。時間と共に雑味が消え美味しい水となっていて、より泡盛を楽しむことができる、是非とも、おすすめしたい。

また『日本のやきもの1　沖縄』の中に、外間正幸氏がこんな事を書いている。「泡盛の古酒が南蛮甕（荒焼）にされてはじめて独特の風味を出すように、南蛮甕に貯蔵された塩漬豚肉や味噌の味は、なんとも言えぬ独特のうまみがあり、まさしく沖縄の農家の味であった。そのためか、荒焼の甕はなんとなく沖縄の人々の郷愁をさそうものである。」

今から五〇〇年前、塩漬豚肉のスーチカや味噌を南蛮甕で貯蔵していた時代に使われていた荒焼は、窯の中で器同士が溶着するのを防ぐために巻く藁のアルカリ分と土の鉄分とが化学変化し、その成分が付着して薄茶色の模様がつく火襷をかぶって美しく窯変したり、自然釉がにじみ出たりして、すこぶる良いのがみられたそうだ。特に古酒や漬物を入れる小形の琉球南蛮には素晴らしいものがみられ、本土の茶人の間にも愛好されたと書かれている。

壺屋博物館の倉成多郎主任学芸員に一八〇〇年頃製作の荒焼古酒甕を見せてもらったことがある。現在の甕より重みがあり、どっしりとしていた。形は肩がなだらかな流線形でプロポーションがよく、首が長く蓋が閉めやすい。音は高音でキンキンと弾ける良い音であった。この甕で古酒を貯蔵させたらどんなに古酒香が香り、とろりとした丸味の芳醇な味わいになろうかと想像してしまうほどの良い古甕だった。

現在の甕は胴部が厚くなっている。漏れる心配が危惧されるからである。しかし四〇数年前までは、胴部が薄いのが主流だったという。倉成多郎氏の話では、昔は荒焼甕を作る陶工たちが、胴部をどれだけ薄くし、なおかつ漏れないようにすることを競っていたそうだ。それだけに叩きながら成形していったので、陶工の腕や肩は筋肉隆々の人が多かったそうだ。

たしかに我が家にある甕で、一九七〇年前後に作られた故・新垣栄用氏の一、二斗甕も胴部がかなり薄い。コンコンと叩くと、金属のような高音でキンキンと響き美しい。音の特徴として響きに余韻があるのが確認できる。次にその甕の音と味わいの関係についてふれてみよう。

甕の音の見える化

甕は自分が気に入ったものが一番であると思う。しかし、後々後悔がないように留意すべき点をあげたい。しっかり焼き締められているかを音でチェックする。車のキー等の金属で甕の表面を軽く叩いてみる。高音でキーンと金属音がして響きに余韻があるか。また胴部が厚いと甕の音は低い音となるが、どれくらい厚みがあるか。そして甕の頸部（甕の肩から首の部分）が短くないか。

甕の音を楽譜で表現

焼き締められた甕の音と、焼き締めがあまい甕の音に差があることに気がついた。焼き締められた甕とシャム南蛮甕のように焼き締めがあまい甕と約二オクターブ近くもの音域の違いがあることがわかった。

筆者は、これを楽譜上で表現してみることにした。すると面白いことがわかった。

ピアノの中央の「ド」を、「ミドル　ド」といって、C4と表現する。このC4（Middle C）を基本にしたときの結果が次のようである。

焼き締めさられている荒焼甕、新垣栄用作の一斗甕は、その中央のドから二オクターブも上の♯ドの音だった。

同じ荒焼甕、新垣栄用作の三升甕は、その中央のドから二オクターブも上のドの音だった。

ベトナム南蛮甕（荒焼）の三升から五升甕は、中央のドからオクターブ上のミの音だった。

上焼甕の二升から五升甕と、現代の胴部が厚い荒焼甕は、どれも中央のドから四番目上のファの音だった。

シャム南蛮甕（上部上焼下部荒焼）の四斗甕は、中央のドから四番目上のミの音だった。

甕の大きさが一斗と五升と違っても、どちらも高い音で二度の差だった。甕の大きさでは音の差がなかった。また低い音の響きである上焼甕とシャム南蛮甕の音は、低音でお互い二度の差の隣どうしであることがわかった。胴部が厚い甕も同じであった。このことから、ほぼ二オクターブもの高さの違いがあることがわかった。これは大きな音域の差である。ベトナム南蛮甕も好まれて古酒甕として使われているが、焼き締められた甕と上焼甕、シャム南蛮甕のちょうど真ん中の音域であることもわかった。今後、「甕の音の見える化研究」を進めて熟成との変化の違いを調べていきたい。

焼き締められた甕は金属の様な高い音がする。この様な甕は、甕土のミネラル分が次第に溶出し熟成もゆっくり進んでいく。特に焼き締められた荒焼甕で熟成すると、ソトロンの黒糖やメープルシロップの様な香ばしい甘い香りがすることもわかってきた。蒸散を考えて仕次ぎは定期的に必要であろう。

一方、叩くとポコポコと低い音がするシャム南蛮甕は、焼き締めがあまいことがわかる。焼き締めがあまい甕は、甕土のミネラル分の溶出が早く、仕次ぎを一年待たず、半年程度で行わないと、甕臭や濃味となりやすいので、気を付ける必要がある。同じ低い音の響きの上焼甕は、上薬を施しているために、甕表面がガラスコーティング状態になっている。つまり、瓶と同様である。置かれている環境や蓋にだけ気を付ければ、仕次ぎにはさほど神経質にならなくてよいだろう。おそらく約一〇数年は仕次ぎせずとも問題はない。仕次ぎを頻繁にできない方には、上焼甕をお勧めしたい。

泡盛貯蔵の甕の種類や焼き締め具合を音で確認できる方法を紹介してきたが、自分なりの好みの味がわかっている方は、その香り味を一層追求していただきたい。

また、早めに頻繁に飲みたい方やゆっくり熟成を待ちたい方も、それぞれ飲み方に合う甕を選んで、古酒を楽しんでほしい。

カラカラとチブグヮー

今日の人々と先人の泡盛の飲み方は若干違っていたように思う。今日、酔うために飲む人、チビリチビリ味わいながら楽しむ人、料理とのマリアージュを楽しむ人、それぞれの楽しみ・味わい方があっていいと思う。一方、先人はと言えば、容器、いわゆる酒器に特段こだわっていたように思う。いずれも一層美味しく楽しむことには変わりない。ここでは、先人のこだわった酒器であるカラカラとチブグヮーについて考えてみたい。

一般酒（泡盛新酒）や古酒（泡盛を三年以上寝かせたもの）をより一層、香り味わいをレベルアップするために、カラカラをお勧めしたい。安定感があり、持ちやすく、注ぎやすいカラカラは昔から使われていた。ボトルからカラカラに注ぐことで、泡盛を効果的に空気に触れさせて眠っていた香りがつぎつぎと現れるために計算されているような気がする。この空気への触れ方とその時間が重要なポイントになるようだ。これはワインも同様に酒器であるワイングラスにも特徴がある。ワインをいきなりボトルからワイングラスへ注ぐのではなく、さらに美味しく飲むためにデカンタへ移して味わいの変化を楽しむ方法と似ている。泡盛も同様で、蒸留酒の泡盛もカラカラに移すことで、さらにグレードアップした美味しさに出会うことができる。カラカラにいれて味わってみると、これまでとは違った美味しさを再発見したように思う。ぜひ試していただきたい。

カラカラの語源はいくつか言われている。そのひとつに、酒器を振ってみるとカラカラと音が鳴るからという説がある。酒器を製作する際に、あらかじめ陶土で丸い玉を作ったものを入れて焼く。その酒器の中身の泡盛が無くなって空になったときに振ると、その玉が転がりカラカラと音が響くというもの。しかし、古いカラカラには玉が入っていないようだ。大正時代、昭和の頃に作ったものにそのタイプが見られるので、これは新しいアイデアと思われる。

他にも、大酒飲みの坊主がいて、徳利をひっくり返して酒をこぼすために、下部の安定したこぼれにくい徳利からカラカラが出来てそう呼んだという話。昔、カラカラの数が少なく貴重だったため、酒の席でカラカラが足りず、座敷のあちらこちらから借りる声があがったそうだ。方言で「借りる」ことを「カラ」という。「カラカラ」とは、それを繰り返し表現したもので、「借りよう、借りよう」こっちにもまわしてという意味とする説もある。

一方、奄美や鹿児島の薩摩焼では、音を出す玉が入っていない酒器を、カラカラと呼んでいるようだ。その言葉が沖縄に伝承し、容器の名になったという説もある。諸説はあるが、真偽のほどは不明で酒の席での話の域をでない。

カラカラとチブグヮー

さて、カラカラは緑釉、なまこ釉、飴釉、黒釉などに釘彫り、流し釉、白土象嵌、呉須絵など多くの技法で作られ、陶工達の熱い思いが伺える。

昔からカラカラとチブグヮーはセットで古酒を楽しんでいた。チブグヮーはお猪口のこと。一般にぐい呑みとお猪口があるが、ぐい呑みのほうは底が深く何口かに分けて飲み干すのに対して、お猪口は小さくて一口から二口で飲み干す大きさである。沖縄のチブグヮーは、この大きさのお猪口のことである。実際、沖縄の遺跡から出土したチブグヮーをみるとかなり小さいサイズであったことがわかる。それは小さなスプーンくらいの量で約五ccが入るほどだったようだ。

なぜこんなに小さいのかと思われるだろうが、その当時、古酒は大変貴重であり、また度数も高かったことから、そのサイズになったのだろう。飲み方も古酒はストレートで飲むことから、ごくごく飲むものではなく、舐めるように楽しむのが古酒の極意であったようだ。こんな小さなチブグヮーが空っぽになった後は、古酒から出る甘く香ばしい残香も楽しんだのだろう。

先人と今日の人々の暮らし、お酒への接し方も随分変わって来たように思う。おそらく先人にとって貴重な泡盛、古酒は甕からカラカラに取り分けて、小さなチブグヮーでチビリチビリ口に運んでいただろう。そして、飲み干したチブグヮーの残香を嗅ぐところまで、泡盛の楽しみで「カラカラとチブグヮー」というセットの酒器ネーミングになったように思える。今日の我々も、いにしえを偲んで先人のこの飲み方を時々楽しみたいものである。

第二部

泡盛コンクールから学ぶこと

泡盛鑑評会の歴史

泡盛鑑評会は、琉球泡盛の品質向上と醸造技術を図るねらいで始まり、二〇二四年で五二回の回数を重ねている。泡盛鑑評会の発足と今日までの歩みを振りかえってみたい。

沖縄県祖国復帰の年一九七二年十一月、第一回泡盛鑑評会が那覇市で開催された。当時、沖縄国税事務所の鑑定官であった西谷尚道氏が、第一回目の泡盛鑑評会の模様を「第一回泡盛鑑評会風景」（『日本醸造協会誌』）に発表しているので紹介しよう。西谷氏は鑑評会の趣旨を以下の様に表現している。「泡盛業界からも沖縄独自で鑑評会を開催してはどうかという声が強く、この鑑評会が実現する運びとなったわけです」

以下は、筆者の要約である。

古酒のみを受賞対象、古酒のレベルアップにつながり沖縄の仕次ぎ文化の継承が今日につながっているとされた。当時、泡盛酒造場は北端の伊平屋島から西端の与那国島にわたって五七場あった。戦前の一九三六年は九二場あったという。第一回泡盛鑑評会の出品基準は、市販酒の部、貯蔵酒の部（アルコール度数別、貯蔵年数別）、特殊製品は種類別（ハブ酒、梅酒、樫樽）に分けられ、四五酒造場より一〇五点の泡盛が出品されたという。第一回泡盛鑑評会にはハブ酒と梅酒の部門があり、その頃から製造されよく飲まれていたことがうかがえる。

審査は第一回目ということもあり、多面的な評価をするために、審査員の構成は、県外から国税庁醸造試験所長の村上英也先生、酒類審査のベテランの先生方、地元琉球大学の当山清善先生、公的試験研究機関の先生方と泡盛製造の方々だった。出品泡盛のアルコール度数は、三〇～四五度と高いことから、酒と水のグラスをペアで並べて、一点ごとに口をすすいで審査され、これは現在も同様に行われている。

審査の結果、沖縄国税事務所の屋部所長より品質の優良な貯蔵酒（古酒）の酒造所へ賞状が授与された。授賞式後は特別公開の余興として、素人ききあて会として、泡盛の「度数あて」「新酒、古酒あて」及び「代表的焼酎乙類の産地あて」が開かれている。

現在では、十一月一日を「泡盛の日」として、沖縄県・沖縄国税事務所・沖縄県酒造組合が共催し、泡盛鑑評会表彰式が行われ、沖縄県酒造組合主催の「泡盛の夕べ」が催されている。そして、この素人ききあて会は、コロナ禍になる二〇一九年まで続けられていた。

第一回特別公開のときには、当時の沖縄県知事、屋良朝苗氏は「こんなに良い古酒はもっと県民に知ってもらわねば……云々」と話され、古酒を楽しんだという。

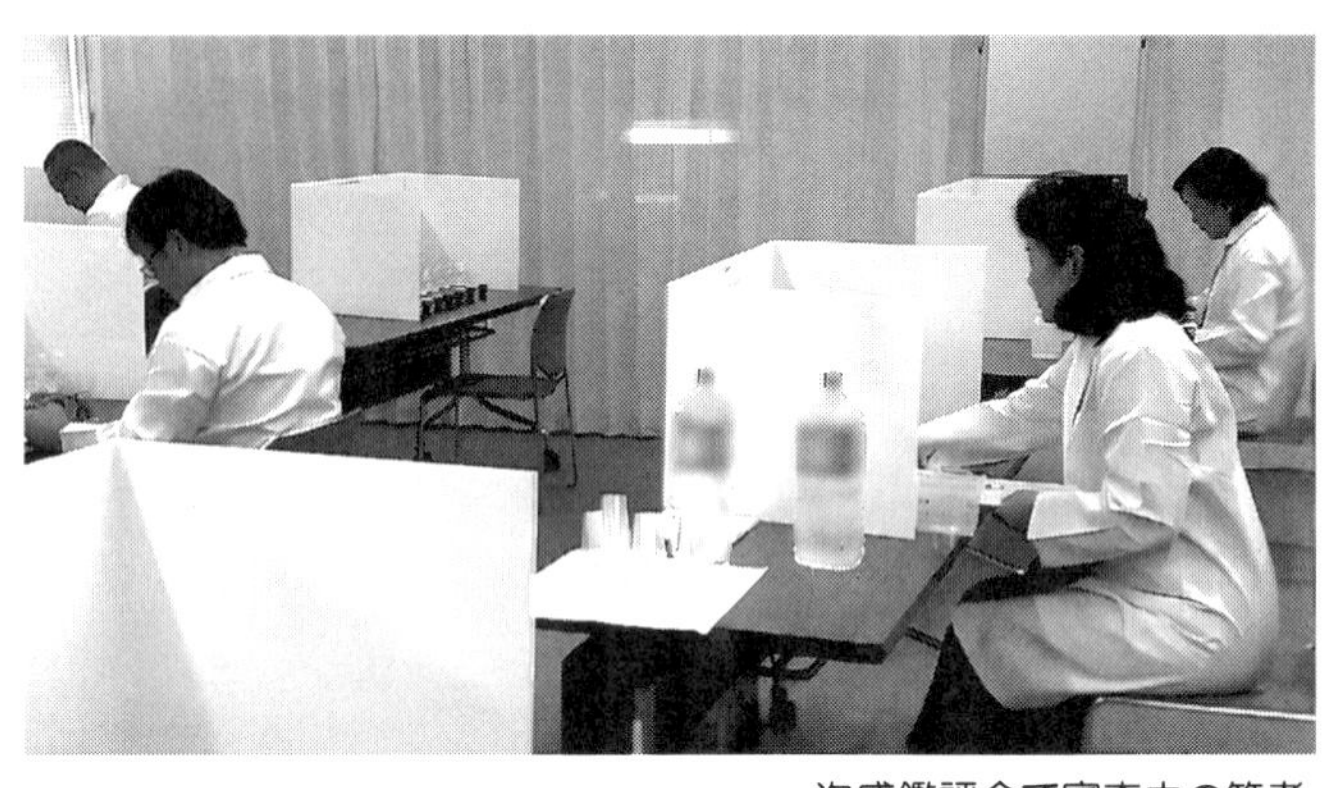
泡盛鑑評会で審査中の筆者

会の結びに、西谷尚道氏は「長期貯蔵による泡盛の古酒化を奨励する意味合いも含めて貯蔵酒の部のみ、つまり古酒の部を賞状授与が対象」（「第一回泡盛鑑評会風景」）とされたという。西谷氏のメッセージにあるように、この鑑評会は、泡盛古酒の奨励が主な目的になっているのだろう。具体的には古酒を育て、仕次ぎ方の継承によって、先人の古酒への思いをつなげたいとする泡盛愛好家が一層増えることを期待していると思われる。

第一回、第二回泡盛鑑評会は、沖縄国税事務所単独で行われてきた。第三回泡盛鑑評会から沖縄国税事務所・沖縄県・当時の沖縄県酒造組合連合会（一九七二年設立）の共催になった。この第三回泡盛鑑評会の内容を、沖縄国税事務所鑑定官であった原田哲夫氏が『日本醸造協会誌』に掲載しているので、要約し紹介したい。「第三回泡盛鑑評会は泡盛の良さを関係者以外にも広く宣伝し一般消費者の泡盛に対する認識を高め、泡盛産業の育成、発展に力を入れていきたい」と原田氏は想いを書いている。五〇年以上経った現在、その想いは引き継がれ、二〇二四年泡盛鑑評会は五二回目となっている。引き継がれてきた鑑評会と鑑定官（理系大学卒）の方々による指導によって、泡盛が磨かれてきたのである。

第三回の内容は、貯蔵酒の部（①一年以上三年未満、②三年以上五年未満、③五年以上）、特殊製品の部（ハブ酒、樽貯蔵酒等）と細分されている。出品は、四三酒造場から八七点あった。そしてこの第三回泡盛鑑評会から、醸造技術に関する講演を聞く機会にめぐまれていない離島県沖縄のためにと、醸造技術の権威ある先生方を招いて講演会を開催することになっている。沖縄本島ばかりでなく周辺離島、そして先島からも多数参加者があり、泡盛への熱い思いが伝わってくる。原田哲夫氏は、「今後も鑑評会、市販酒研究会および、醸造技術研究会等を開催して、伝統ある泡盛の特徴を保持しながら、品質向上と多様化をはかりたいと考えております」と締めくくっている。

祖国復帰から今日まで、多くの関係者の方々、そして酒造所のご尽力により泡盛の製造技術進歩や酵母の開発、高濃度泡盛等の研究が進み、泡盛の品質向上と多様化で未来へつなぐ泡盛が開発されているのは素晴らしいことである。今後も後世の人々へ沖縄の泡盛文化の継承と発展を願ってやまない。

泡盛コンクールと晩餐会

沖縄では二つの泡盛コンクールが行われている。一つは沖縄国税事務所と沖縄県の共催による泡盛鑑評会、もう一つは沖縄国税事務所、沖縄県工業技術センター、沖縄県酒造組合、沖縄県卸売酒販組合、沖縄県小売酒販組合、山原島酒之会及び琉球泡盛倶楽部の共催による泡盛愛好家のための泡盛仕次古酒・秘蔵酒コンクールである。

筆者は、現在この二つのコンクールの品質評価員(審査員)として携わっている。泡盛鑑評会の趣旨は「沖縄県の伝統的な名酒泡盛について、品質評価を通じて酒造技術基盤強化・酒造技術の発展を促し、品質向上を図るとともに消費者に利便に供し、併せて沖縄県の重要な地場産業である泡盛製造業の発展に資すること」とある。復帰の年、一九七二年に始まり、二〇二四年で五二回目となる。泡盛が沖縄県を代表する伝統的な特産品であることから、沖縄国税事務所と沖縄県の共催になっていて、国と県共々、泡盛文化への並々ならぬ思い入れが、列挙の開催者からも感じることができる。

沖縄国税事務所長賞で品質評価された泡盛には「古酒の部」と「高濃度泡盛の部」がある。そしてさらに評価の高い古酒は、沖縄県知事賞が授与される。受賞に値する泡盛は、香りも味わい良くバランスが取れているものとされている。

評価員は、出品された泡盛一〇〇点前後を、ブランデーグラスで香り味わいを探り、荒焼のチブグヮーで残香を確認する作業を続けてテイスティングをする。もちろん口には入れるが舌が疲れたり荒れたりしないように一〇秒以内で吐き捨て、口の中を水ですすぎ、出品泡盛を評価することになる。審査員は、審査後の共通認識だと思うが、嗅覚も味覚も鈍くなる。また、一気に集中して一〇〇点近く審査を続けるので頭も疲労感を感じる。しかし毎年、新たな素晴らしい古酒に出会うことで、審査の充実感を覚える。筆者は、鑑評会一週間前の健康状態にも気をつけている。風邪をひかぬよう、鼻づまりをしないよう、健全な舌を維持するために、熱いもの、刺激物を摂取しないなど。ほとんどの評価員は体調のコンディションを整えて、当日の審査の日を迎えているのである。

泡盛鑑評会は、年々レベルが高くなり、バニラの香りやフルーティーで濃淳な甘い香り、ダークチョコを思わせる香りや、カラメルや黒糖を感じさせる、香ばしい香りと深い味わい芳醇なものが増えてきている。酵母の開発によって泡盛の香り味わいが変わってきている。さらに三回蒸留した高濃度の部や二〇二三年からは樽貯蔵の部も加わった。

審査で、上立ち香をチェックするためにブランデーグラスを使い、残香をチェックするために荒焼チブグヮーを使用している。残香のチェックシーンは、他に類がない沖縄の古酒文化の独特の特徴であろう。この泡盛・古酒文化に誇らしさを感じる。

第二六回主要国首脳会議が、二〇〇〇年七月二一日から沖縄県名護市の万国津梁館で開催された。この機を、来県する各国首脳や随行員、マスコミ関係者へ琉球泡盛を紹介する千載一遇のチャンスととらえ、その万策を検討し、全酒造所に古酒の出品を募り、晩餐会で振る舞う泡盛を選ぶ企画となった。県内酒造所から二一酒場一協同組合の自信のある古酒が集荷された。年数として二二年ものから、一〇年もの古酒。貯蔵として甕からステンレスへ移動したもの、ステンレス貯蔵、瓶貯蔵など様々な中から、その道のベテラン専門家によって、ブラインドテイスティングで厳粛に審査された。結果、宮里酒造（ステンレスタンク貯蔵一七年七か月四三度）と、瑞穂酒造（瓶貯蔵一一年六か月四三度）が最高点となった。他の古酒もほとんど差はなく紙一重だったといわれている。その中から特に優れた古酒が厳選されブレンドされた。

首里城内で催された晩餐会では沖縄県産食材がふんだんに使われ、各国貴賓に泡盛古酒スペシャルブレンドが振る舞われた。古酒は、淡いブルーの琉球ガラスで作られたブランデーグラスが用意され、古酒の甘い香りが晩餐会内に広がり芳醇な味わいで首脳陣が魅了されただろう。

今後も県内で様々なコンクール等が開催され、選出された素晴らしい香りや味の泡盛を食事の席や世界の晩餐会でも味わう機会が増えていくことを望みたい。

泡盛仕次古酒・秘蔵酒コンクールから学ぶこと

泡盛愛好家の泡盛仕次古酒・秘蔵酒コンクールは、二〇二四年で第四回になった。沖縄国税事務所、沖縄県工業技術センター、沖縄県酒造組合、沖縄県卸売酒販組合、沖縄県小売酒販組合、山原島酒之会、琉球泡盛倶楽部の共催である。毎回、多くの愛好家の古酒の応募があることは嬉しい限りであり、沖縄の財産である古酒熟成の記録を残すことができ感謝である。

二〇二四年は、前回より初応募の方が増えて、コンクールの裾野が広がってきたように思う。実はこのコンクールから学ぶことがたくさんある。

鑑評会では、各酒造所からの完成度の高い古酒で競うので、何かしらの問題が散見するということは少ない。しかし泡盛愛好家の泡盛仕次古酒・秘蔵酒コンクールでは、酒造所が製造した泡盛を愛好家が自宅で育てた古酒が集まってくる。瓶のまま貯蔵している古酒や、甕に入れて長年熟成した古酒を競う。泡盛愛好家の育てた古酒には、いろいろな環境下で熟成させたため、不思議な香りや味わいの古酒に出会うことが多い。特に甕貯蔵で、素晴らしい古酒となるだろうと信じているけれどいろいろ問題のある方法で育ててしまっている場合がある。
ここでは、問題のある香り味わいの古酒が年々多く出品されている状況で、微力ながら筆者の経験値から、残念な古酒づくりにならないための秘訣をお伝えしたい。泡盛愛好家の泡盛仕次古酒・秘蔵酒コンクールで問題点が散見された事例を紹介しよう。

泡盛愛好家のための泡盛仕次古酒・秘蔵酒コンクールは以下三つの部門からなる。

❶秘蔵酒の部
瓶又は甕で貯蔵し一度も仕次ぎをしていないもの。家庭等で、貯蔵年数が一五年以上のもの。

❷フリースタイル仕次ぎの部
家庭で五年以上貯蔵し、二回以上の仕次ぎをしていること。

❸伝統仕次ぎの部
甕で貯蔵されているもの。五回以上仕次ぎされたもの。五年以上家庭で貯蔵し親酒の貯蔵年数が合計一五年以上のもの。一年間における仕次ぎの総量が甕の容量の一割以内のもの。

ではこれから順に個々の事例を見ていこう。

❶秘蔵酒の部
瓶で貯蔵している方、又は甕貯蔵で、一度も仕次ぎをしていない方向けの部である。以下は、すべて本人の承諾を得て記載している。

事例1　焼き締めの良い荒焼甕に、その当時の四五度四年古酒を寝かせ、好条件に恵まれ熟成するはずだったが、蓋の下にビニール袋を敷いてしまったため問題の移り香となってしまった残念な事例。

・一斗甕（18ℓ）
・春雨四五度　四年古酒（四五年前）
・荒焼甕（作陶者不名）
・シリコーン栓蓋
一九八〇年から育てる（かつて泡盛が乙類焼酎に分類されていた時代、泡盛の規定がアルコール四五度以下であった時代のもの）

・一度も仕次ぎ無し

仕次ぎを一度もしておらず、ほとんど観賞用として甕を眺めていて、四九年間（四五年＋四年古酒）という長い年月が過ぎてしまった。度数が下がり、香りも味わいも弱くなり、古酒の力が下がってしまった。アルコール度数は四五度から三七・九度に下がっていた。さらに、なぜかプラスチック様の匂いが付いていた。テイスティングすると、ソトロンの黒糖の香ばしい甘い香りとバニリンの甘い香りが弱いながらも広がった。口に含むと、さすがに四九年も寝かせると角が全くなく、アルコール感が弱いが滑らかだった。酸味が弱くボディ感を感じないが、甘い余韻は続いた。しかし、鼻に抜ける香りはプラスチック様の匂いと甕臭だった。この問題の移り香の匂いは素人には微量臭でわかりにくいと思われる。

甕主からコンクール終了後に相談を受け、甕を見せてもらった。陶工名はわからなかったが、軽く叩いてみると、高音のキーンとした高い金属音と響きの余韻がある甕で、しっかり焼き締められた荒焼甕であった。甕の形もバランスが良い。甕の胴部は薄く、那覇市立壺屋博物館の倉成多郎主任学芸員の話を思い出した。「昔から荒焼甕が酒甕に使われていて、陶工たちは酒甕をつくるとき、できるだけ甕の胴部を薄くできるかで競っていた。だから昔の陶工は腕が筋肉隆々だった」という。焼き締めの良い荒焼甕と蓋の密閉性がよかったおかげで、四九年間、甕全体の四分の一しか蒸散していなかったのである。この甕は、古酒熟成につながる条件がそろっていた。

甕主は、ある事を思い出した。一〇数年前までは、蓋の下に普通のビニール袋を使用していた。その後、友人のアドバイスからセロファンに替えたそうだ。四九年以上育てて、素晴らしい古酒になるはずだった。しかし途中までセロファンを使用していなかったことと、仕次ぎをしなかったことで長い年月の間に度数が下がり古酒の力も弱くなり、甕臭とプラスチック様の匂いが移り香となってしまったと考えられる。

しかし、四九年間の熟成で甕の四分の一しか蒸散していなかったことから、おそらく甕の焼き締めがしっかりしていたことと、甕に入れた泡盛の力、及び度数四五度が功を奏したと思う。甕臭とプラスチック様の匂いはそこまでひどくないことから、今後は、こまめな仕次ぎをすることで、匂いも取れていき、古酒の力の継続につながることと思う。

○審査結果
第四回仕次ぎコンクールで下位の成績となった。

コンクール総評
秘蔵酒の部で下位の成績です。カラメル様及び甕の特性が強く出ています。プラスチック様の指摘がありますので、甕等の管理について確認することをお勧めします。また、プラスチック様のクセが気になるようであれば、仕次ぎをすることをお勧めします。

甕主のコメント

「コンクールの総評で、プラスチック様の匂いを指摘され、最初はなぜその匂いが付いたのだろうと思ったが、一〇数年前まで、蓋の下にビニール袋を使用していたがその後セロファンに替えたことを思い出した。コンクール総評を見るまで気がつかなかったので、コンクールへ出品してよかった。改めてコンクール審査委員の香りを判断する能力と、セロファンを使用する意味と仕次ぎをする大切さを知った。今後は、甕の半分を抜き取り瓶に詰めてそのまま熟成継続し、残った甕の半分には、仕次ぎをして度数を上げ問題の移り香が消えていくように育てたい」

事例2　三〇度の泡盛を五升甕に入れて仕次ぎをせずに二〇年以上寝かせたが、全体的に特性が弱くなってしまった事例。

・五升甕（9ℓ）
・時雨三〇度　五年古酒

・作陶者　金城敏徳
・荒焼甕
・二〇〇二年から育てる
・一度も仕次ぎ無し
・アルコール度数三〇度が二六・五度に下がっていた

飲みやすい古酒を育てたい思いから三〇度の五年古酒を甕に入れてスタートした。二七年（二二年＋五年古酒）熟成させてきた。

実際二六・五度に下がったこの古酒は、舌の上では感覚的に一八度くらいにしか感じられなかった。スタートが三〇度（五年古酒）だが、荒焼甕で二七年の間に一度も仕次ぎをしなかったため、アルコール度数が下がってしまった。テイスティングしてみると、アタック（口に含んだときの第一印象）が弱く、メープルシロップのような甘く香ばしい香りはあるが弱い。味わいは、滑らかであったが、ボディ感はなかった。

甕主の意向で飲みやすい古酒をコンセプトに、三〇度五年古酒でスタートをしたときに、甕が荒焼ならば度数が下がるという知識があれば、毎年、仕次ぎをしていただろう。残念である。三〇度の古酒なので、毎年仕次ぎをしていたら、きっと今頃、三〇度は維持されて、甘い香りの古酒香が強く立ち上がり、角が取れていながらボディ感のある、滑らかで余韻のある古酒に育っていたに違いない。

五升以下の甕で三〇度となると度数が下がるのが早い。甕での熟成を考えるなら四〇度以上の泡盛をお勧めしたい。甕の大きさと表面積と体積の比較は、ベルクマンの法則の頁を参考にしていただきたい。

○コンクール総評

秘蔵酒の部で下位の成績でした。アルコール分が低く全般的に特性は弱い。また草様（よう）の香りがあります。貯蔵開始時のアルコール度数が低めでしたが、さらに貯蔵中にアルコールが下がっています。各特性が気になるようであれば、（四四度などの）度数の高い泡盛で仕次ぎなさることをお勧めします。

事例3　四三度の五年古酒を和室で二七年間育てている古酒。デイゴ木製の蓋で蓋と甕の密閉性に欠けてしまい、度数が四三度から三〇・六度へ下がってしまった事例。

・六升甕（10・8ℓ）

・時雨四三度　五年古酒
・作陶　島袋常明
・上焼甕
・蓋は木製デイゴ
・蓋の栓の周りに密閉性を高めるためのさらしを巻いていなかった
・一九九七年から育てる
・一度も仕次ぎ無し
・アルコール度数四三度から三〇・六度に下がっていた

一九九七年に五年古酒四三度を上焼甕につめた。三二年（二七年＋五年古酒）も育てた古酒だった。上焼甕だったことからデイゴ木製蓋をしっかり密閉していれば、仕次ぎ無しでも少々度数が下がる程度であったはずである。しかし、アルコール度数が四三度から三〇・六度に一三度近くも下がっていたのは驚いた。度数が下がったことで、三二年の古酒の香り味わいの特性が弱くなってしまった、何とももったいない事例である。

問題は木製デイゴの蓋と思われる。甕主に確認したところ、育て始めて二七年ぶりに蓋を開封したところ、すぐに片手で簡単に蓋が開いてしまったという。その時、簡単に開いたことで一瞬心配になったそうだ。一般に二〇年以上密閉した蓋ならば、開封するのにかなり苦戦してやっと蓋を開けることができるもの。筆者は毎年仕次ぎするとき、毎回腕力のトレーニングになると思うほど蓋の開封には苦戦している。それぐらい密着性がほしい。木製のデイゴ蓋の下にセロファンを敷いていたが、甕と蓋に隙間があって密着していなかった。これでは、蒸散も多く度数が下がるのは仕方がない。実に残念である。テイスティングしてみると、シュークリームの中にあるカスタードクリームのバニラビーンズの甘い香りが広がるが香りは弱い。味わいは、酸味・苦味が抜けてしまい、甘さだけが残り、ふくよかさに欠けて、ボディ感がない。しかし、古酒香の甘い残香は広がり、これだけは素晴らしかった。

木製のデイゴ蓋にさらしを巻き、セロファンを敷いてもっと密着性をもたせば、度数も下がらずにすみ、途中味わってチェックをすることで、古酒の力が弱くなっていることに気が付き、仕次ぎをするという判断をしたに違いない。熟成途中の甕の古酒チェックは必要である。

○コンクール総評

秘蔵酒の部で中位の成績でしたが、残香の項目が高く評価されています。アルコール分が低く全体的に特性は弱いです。このまま大事にされてください。また、貯蔵中にアルコール分が下がっていますので、気になるようであれば仕次ぎをすることをお勧めします。

事例４　二〇〇四年一斗荒焼甕に四三度の古酒をつめた。シリコーン栓蓋とセロファンをしっかり使用していたが、その当時流行った蛇口付きの甕だった。なぜかプラスチック様の匂いが付いてしまった謎の事例。

・一斗甕（18ℓ）
・忠孝四三度　五年古酒
・荒焼甕。下方部分に蛇口付き
・蓋はシリコーン栓
・一度も仕次ぎ無し

荒焼甕蛇口付きで四三度を二五年（二〇＋五年古酒）育てた古酒。シリコーン栓蓋の下には、しっかりセロファンを敷いてある。なぜかプラスチック様の匂いが移り香として古酒に付いてしまったことが問題。テイスティングしてみると、荒焼甕で一度も仕次ぎしていないが、アルコール感が強く、ソトロンの香ばしい甘いカラメルの香りとナッツの香ばしさが広がってくるが、プラスチック様の匂いもあった。鼻に抜ける香りにもしっかりプラスチック様の匂いが付きまとった。

アルコール度数は四三度から四〇度に下がっていたが、荒焼甕で仕次ぎ無しの環境下において二五年で三度しか度数が下がらず立派である。ではなぜか、である。

審査結果後、甕主から「はて？　どこからプラスチック様の匂いが付いたのか」という相談があった。実際、検証してみると、蓋にもセロファンにも問題は無かった。どこからプラスチック様の匂いが付いたのか。この甕は、甕だけ置かれている部屋にあり、周りにアロマの香りや樟脳の匂いがするものもない。周りに同じ一斗甕が並び、甕の上には棚があった。簡単に仕次ぎができない環境であった。おまけに一斗甕で重い。苦労して甕の周囲を調べると、なんと、見えない甕の後ろ下方部分に蛇口が付いていたのである。この蛇口から古酒を簡単に出してカラカラに入れることができる仕組みで、二〇年前に流行していたもの。古酒を汲みだすかわりに、甕の蓋を開けず蛇口をひねるだけで、簡単に出すことができる便利な機能である。

この構造を調べてみると意外なことがわかった。蛇口の内側と外側にパッキン用のためにシリコーンが付いていたのである。つねにシリコーンと古酒が直接触れている状態。仕次ぎ無しであったため甕の中の古酒が長年にわたって滞留していたことから、プラスチック様の匂いが付いてしまったと考えられる。

しかし、例えばこの蛇口付き甕を毎日のように使っていたら、中の古酒が対流するので、匂いは付きにくい。また減った分を仕次ぎすることでも、筆者の経験からプラスチック様の匂いが付きにくいだろうと考えている。仕次ぎとは古酒を健全持続可能なものと考えている。常にシリコーン栓蓋とセロファンばかり注意してしまいがちだが、ぜひ蛇口付きにも気を付けてほしい。

〇コンクール総評

秘蔵酒の部で下位の成績でした。焦げ様の特性が弱いです。プラスチック様の指摘がありますので、蓋等の管理について確認することをお勧めします。また、プラスチック様のクセが気になるようであれば、仕次ぎをすることをお勧めします。

❷フリースタイル仕次ぎの部

家庭で五年以上貯蔵し二回以上の仕次ぎをしていること。

事例1　失敗から成功への道。見事上位入賞を果たした事例。

・一斗上焼甕（18ℓ）
・残波四三度　一五年古酒
・作陶　小橋川勇

・シリコーン栓蓋
・二〇一二年から育てる
・仕次ぎ二回
・六年前に甕をチェックしたところセロファンがない事に気が付く

一斗上焼甕（18ℓ）に残波四三度を入れて二七年（一二年＋一五年古酒）育てる。六年前にシリコーン栓蓋の下にセロファンを敷いていないことに気が付き、すぐにセロファンを敷く。その時、既にプラスチック様の匂いが強く出ていたので、この甕の古酒を育てることをあきらめかけたが、意を決して甕の半分の五升を瓶に抜き、甕に残った半分の古酒に同じ銘柄一五年古酒を仕次ぎした。その後、二年後に二回目の仕次ぎをするため、二升抜いて二升仕次ぎした。プラスチック様の匂いは仕次ぎによって抑えられ、もとの古酒香に変わりうまく克服した。さらに入賞まで果たしてしまったという、仕次ぎのすごい事例である。

テイスティングしてみると、プラスチック様の匂いは消えてまったく感じなく、バニリンの甘い香りが広がり華やかで芳醇な味わいだった。甕の半分を抜くという大胆な仕次ぎ方法であるが、移り香事故の匂いは消え、本来の熟成にもどり香り味わいが蘇った。当初から同じ銘柄の古酒を準備していたからこそ成功へ導けた結果といえよう。仕次ぎが、健全な古酒育成につながることを教えてくれた事例である。

○コンクール総評

フリースタイル仕次ぎの部で上位の成績でした。特に香りと残香の項目が高く評価されていま
す。突出した特性はなく、バランスのとれた酒質です。このまま仕次ぎを続けられて下さい。

事例2　定年退職祝いで五升甕をいただくも、一回目の仕次ぎ時にセロファンを捨ててしまい
シリコーン栓蓋の匂いが移ってしまった事例。

・五升甕（9ℓ）
・咲元四三度
・外は荒焼だが内側は釉薬付き
・二〇一六年から育てる
・二〇二〇年に一回目仕次ぎ、銘柄は合わせずいろいろな酒造所の古酒を入れる
・それから毎年仕次ぎする
・アルコール度数四三度が三七・七度へ下がっていた

甕主から、どこでプラスチック様の匂いが付いたのか相談を受け検証してみた。県外在住者だったので電話、メール等でのやり取りとなった。

外見的には、甕も蓋も置かれている場所にも問題はなかった。次にセロファンを確認すると、セロファンが無かった。尋ねてみると、最初セロファンは蓋の下にしっかり敷かれていたが、新しいものについているただの包装フイルムと思って、仕次ぎのときに捨ててしまったのだと話してくれた。セロファンはシリコーン栓蓋の匂いを遮断するためと、甕と蓋を密閉させるために必要だと伝えると、知識不足だったといってショックを受けた様子だった。八年間で約五度もアルコール度数が下がるのも、蓋の密閉性が弱いからということも伝えた。

このような状況下で、銘柄の違う古酒を多くブレンドしてしまったことで、香り味わいのすべての特性が弱くなってしまったのだろう。ブレンドについては、「仕次ぎに合う泡盛」の項を参考にしていただきたい。

今後、セロファンを敷き、仕次ぎ量を少し多く二割にすることで徐々に問題の移り香が消えていくだろうと伝えた。また銘柄はできるだけ同じものにするか、または同じ酒造所にまとめることで、古酒の力が強くなり、香り味わいがケンカすることなく熟成していくことも伝えた。もし、いろいろな銘柄をブレンドしたいのなら、寝かさず、普段飲み古酒として、楽しんでほしいことも伝えた。

甕主のコメント

毎回の仕次ぎの度にテイスティングしているが、まったくプラスチック様の匂いに気がつかなかった。そして第四回仕次ぎコンクールに出品したことから総評の指摘で気がついた。セロファンの重要性を改めて知り、今後、同じ失敗をしないよう気をつけたい。

○コンクール総評

フリースタイルの部で下位の成績でした。全体的に各特性が弱いです。プラスチック様の指摘がありますので、甕等の管理について確認することをお勧めします。さらに移り香の指摘もありますので、周囲に香りが強いもの（防虫剤や柔軟剤など）を置かないようにしましょう。

事例3　小さな甕だが毎回の仕次ぎコンクールへ出品し、見事上位入賞を果たした事例。

・三升甕（5・4ℓ）
・時雨四三度
・荒焼甕
・二〇一〇年から育てる

・床の間に置く
・仕次ぎは一〇年古酒四三度
・三年後に一回目の仕次ぎ
・六年後から毎年同時銘柄と同じ年数一升瓶から仕次ぎする

二〇年前に酒造所で泡盛の三升甕を購入する。泡盛をすべて飲んでしまい、空の状態で六年放置していた。その後、時雨四三度を甕に入れて二〇一〇年から育てる。テイスティングしてみると、バニリンの甘い香りと香ばしいメープルシロップのような甘い香りが立ち上がり、鼻にはドライフルーツのダークな香りや香ばしい黒糖の香りが抜け、味わいなめらかで甘味・酸味・苦味のバランスが良く、塩味も感じられ、ボディ感があり芳醇であった。

一度古酒を育てた甕を再利用するとき、泡盛三〇度を甕に入れ三か月間あく抜きしてから全てを抜き空にして、そこから時雨四三度を入れてスタートしたことが良かった。新しい甕や再スタートの甕で始めるときは、必ず洗剤無しで洗浄し、その後三〇度の泡盛を甕に入れ三か月から半年間あく抜きのために寝かせることが望ましい。

さて、この甕の古酒は年数が一四年と浅いが、好成績となったのには次の事が考えられる。仕次ぎでは甕の中の泡盛よりも古い古酒を入れたこと、同じ銘柄を入れて統一している事で古酒力が高まり特性が強く出たと考えられる。一般酒から古酒づくりを始めると、少しでも早く熟成してほしいと誰もが思うものである。古酒五年ぐらいまでは、親酒よりも古い古酒を仕次ぎすることで熟成が早まり、予定よりも美味しい古酒になると思われる。

○コンクール総評

全ての項目が高く評価されています。バニラ及び甘い風味の特性が強く出ています。このまま仕次ぎを続けられてください。

事例4　大きな甕三斗甕とデイゴ木製蓋で一九九八年から二六年間育てた。度数が下がることもなく甘い古酒香が立ち上がり残香の余韻が続くことに成功し、見事上位入賞を果たした事例。

・三斗甕（54ℓ）
・春雨四三度　八年古酒
・作陶　島袋常明　上焼甕
・デイゴ木製蓋
・一九九八年から育てる

・二〇二〇年に一升を仕次ぎしこれまでに二回仕次ぎ
・仕次ぎは同じ銘柄で三二年古酒
・アルコール度数は四三度から四三・二度

大きな上焼三斗甕で一九九八年から二六年間育てられているなかで、度数が下がっていない。テイスティングしてみると、アルコール感がありアタック（口に含んだ第一印象）が強かった。香りは強く、バニリンの甘い香りとカカオの香りが広がり、味わいは、甘味と酸味が強かったが、バランスが良い。塩味もしっかり感じボディ感がある。残香はメープルシロップのような甘い香りが広がった。今後さらに熟成が楽しみな古酒であると感じる。

デイゴ木製の蓋であり、仕次ぎ回数二回でありながら度数も下がらず、しっかり維持できているのは、三斗の大きな甕で酒量があったこと。さらに上焼甕であったことから、蒸散する量が少量で済んだこと。そしてデイゴ木製の蓋の下にはしっかりセロファンが幾重にも敷かれ甕と密着性があったこと、仕次ぎは同年代古酒が準備できていたことも良い結果になったと思われる。

○コンクール総評
フリースタイルの部で上位の成績でした。特に香りと残香の項目が高く評価されています。バニラの特性が強く出ています。このまま仕次ぎを続けられてください。

❸伝統仕次ぎの部

この部は、五年以上家庭で貯蔵し合計一五年以上熟成させ、年に一割以内の五回以上の仕次ぎをしていることから、泡盛愛好家のベテランの部でもある。出品者である甕主は、知識も経験値もあり仕次ぎも定期的にされていることから、問題なく熟成している古酒ばかりであった。今後、この部に出品できる古酒が増えることを願い、また古酒愛好家が育てた自慢の古酒を、ぜひ泡盛仕次古酒・秘蔵酒コンクールへ出品することで、今後の励みにつながることを望みたい。そして県内はもちろん県外の愛好家が一層増えて、このコンクールが広がっていくことを切に願っている。

受賞者エピソード

この第四回仕次ぎコンクール授賞式で心温まる新垣博己氏の受賞者コメントを紹介したい。一〇年前に泡盛が大好きだった父親に古酒をプレゼントしたという。銘柄は「山原くいな」古酒の一升瓶だった。とても喜んでくれた父親は、大切にしばらく寝かせて、いつか機会を見つけて口にする日を楽しみにしていた。ところが、しばらくして父親は体調を崩してしまい、泡盛を飲めなくなっていた。口にすることが叶わない父親であったが、眺めているだけでも楽しそうであったという。その後、父親は病も厳しくなり他界してしまった。ついに一滴も口にすることなく逝ってしまったことで息子の新垣氏は辛い気持ちでいたが、偶然に今回の仕次ぎコンクールを知り、どうせ開封して飲むなら、コンクールへ出品して飲もうと決めたそうである。

そして審査結果は、一度も仕次ぎ無しの「秘蔵酒の部」で見事上位入賞を果たした。二〇二四年四月一四日、県立博物館で行われた授賞式で、新垣氏当人の受賞コメントを頂くことができた。特に印象深かったのは、「自分から父親へのプレゼントの古酒であったが、受賞という形の父親から自分へ逆に贈りものを頂いてしまい、お父さんありがとう。とても感謝しています」との言葉であった。会場が大きな感激の拍手に包まれていた。

泡盛を愛し、大切に育てた古酒には、それぞれその家ならではの歴史が刻まれていることをあらためて感じたこの年の仕次ぎコンクールであった。

泡盛の利用法

沖縄では、琉球王朝時代からおもてなしに欠かせないのが泡盛であり、伝統的な料理にも泡盛が利用されてきた。「泡盛は飲むだけではなく、料理のわき役として、特に豚肉料理にはなくてはならないものである」と料理研究家の松本嘉代子氏は沖縄県酒造協同組合創立三〇周年記念インタビューで話している。

ラフテーや足テビチなど脂っこい部位を料理する場合、茹でる段階から泡盛を使うと早く脂が抜けるという。実際、筆者もこの調理法を実行している。柔らかくゆがいた三枚肉をラフテーに煮込んでいくときなど、泡盛が必要となることを覚えておくと、美味しいラフテーができる。泡盛を先に入れることで、その後の調味料である砂糖と醤油がよく浸透するのである。そして、さめてもかたくならないので、泡盛は素晴らしい役目をしている。つまり泡盛は主役にもなり名脇役にもなる。

筆者が実際に、飲酒以外で料理の素材づくりにも泡盛を活用している例を紹介しよう。

○泡盛と肉料理・泡盛でヘルシーな豚肉料理

泡盛と相性が良いのが豚肉料理である。筆者は常備食としてスーチカーを冷蔵庫と冷凍庫に準備している。スーチカーは、生のまま保存か茹でて保存する方法がある。豚肉をかたまりのまま茹でて調理するのが沖縄の豚肉料理の特徴と言われている。豚を解体して保存するのに冷蔵庫等の無い時代、豚の三枚肉を塩漬けして保存食にしたのがスーチカーであっただろう。まさに先人の知恵である。筆者は、すぐ調理できるよう茹でて保存している。

【作り方】

・三枚肉の全体に八％の塩を刷り込んで袋に入れて冷蔵庫で二、三日寝かす。
・その後、三枚肉の塩を洗い流してから鍋で四五〜六〇分、圧力鍋で二五分茹でる。茹でるときに鍋に泡盛を入れる。泡盛が三〇度以下の場合一カップ入れてほしい。四〇度以上の泡盛ならその半分強。家に残っている泡盛を合わせてもよい。茹でているときは、泡盛の匂いが出るが最終的には、匂いは残らない。先に泡盛を入れることで、豚肉料理の脂っこさと臭みが減るのである。ぷくぷくしたスーチカーが出来上がると、そのままでも美味しいが、料理に合わせ調理してもコクと旨味がでる。

松本嘉代子氏は「泡盛を入れると三枚肉の場合、茹でた時点で五一・六％も脂が抜ける。さらに泡盛を入れて脂を取りながら煮込むと七〇～八〇％まで抜ける」と語っている。

以下には、スーチカを使った料理の一例。美味しい一品ができるので試して欲しい。

・薄くスライスしてフライパンで軽くソテーして泡盛の肴に。
・ゴーヤーチャンプルーやタマナーチャンプルーなどのチャンプルー類。島豆腐は、生しぼり法で作られかたく、タンパク質、ミネラルを豊富に含みチャンプルーの主役でありアクセントになっている。
・クーブイリチー（昆布を炒めて煮たもの）
・ナーベーラーンブシー（へちまの炒め味噌味）
・ゴーヤーンブシー（ゴーヤーの炒め味噌味）

○泡盛に果実を漬け込み混成酒で楽しむ

【泡盛で梅酒を作る】

泡盛一升に青梅一kg、黒砂糖五〇〇g（氷砂糖よりコクが出る。泡盛は青梅を入れることで度数が下がるので、できれば三五度以上がお勧め）。泡盛に色がついた頃、好みで取り出す。

【泡盛でパッションフルーツ酒を作る】

泡盛四合に熟した赤パッションフルーツを五個半分に切って漬け込む。砂糖は入れない。度数が高ければ高いほど、パッションフルーツの赤色が抽出されて色もしっかり出て、香りも自然の甘味も強く美味しい。泡盛の度数は四〇度以上がお勧め。パッションフルーツは、三か月前後で取り出す。

○調味料として

【泡盛でコーレーグースを作る】

泡盛二合瓶に島唐辛子二〇個漬け込む。調味料なので泡盛度数は、三〇度以内がお勧め。島唐辛子の代わりに鷹の爪を使用すると、風味や辛さが変わってしまうので要注意。辛さは島唐辛子がパンチがあり、風味は沖縄料理に合っている。コーレーグースは、沖縄そばのみならず、ピッツァや水炊き鍋等に数滴垂らすだけでアクセントとなり、美味しさがアップする。

【泡盛で梅干しを作る】

伝統的な酸っぱい梅干しだが、塩分を九%に押さえた減塩梅干し。泡盛は高い殺菌力があるため減塩が可能になる。

・青梅を洗って乾かしたあと、さらに四〇度以上の泡盛で青梅を洗い、容器へ入れる。
・青梅が三kgなら塩二七〇gを振りかける。
・重石をのせて梅酢が上がってくるまで待って、天日干しをする。

泡盛で洗うことで殺菌力が増しカビを抑えることができ、その分、塩分量を低く抑えられる。できた梅干しを容器に詰めるとき、容器の中を同じ四〇度以上の泡盛で拭き乾かしてから詰める。昔ながらの酸っぱさと、泡盛のおかげで身が柔らか、美味しくて元気の出る梅干しとなる。天日干ししているのでアルコールは抜けている。

泡盛と料理のペアリング

泡盛は、一般的に甘味・酸味・苦味がバランス良く感じられ、アルコール感からくる辛味もあることから、食前酒から食中酒、そして食後酒と、すべてトータルで楽しめる酒であると思っている。泡盛を美味しく飲むために次の飲み方を紹介してみよう。

飲み方は、ストレート、炭酸割り、水割り、お湯割り、オン・ザ・ロック、パーシュルショット、泡盛に季節のシークヮサーやゴーヤーを絞って入れる自宅飲みカクテルなどがある。泡盛は蒸留酒であるため糖質を含まず、また気になるプリン体も含まない。料理とのペアリングを楽しんでほしい。

食前酒

・乾杯用には泡盛にクラッシュアイスを入れる。

・度数の低い泡盛や、炭酸割りで乾杯用にするのもいい。度数が低く、香りのあるフルーティーな味わいや甘味を感じる泡盛や、樽貯蔵の泡盛で楽しんでほしい。
・季節のフルーツをフロートしてワンポイントアクセントにしてもいいだろう。

食中酒

・水割りは、氷を入れたグラスに適量の泡盛を注ぎ、水を満たしてステアする（マドラーでまぜること）。このとき、氷に当たらないように泡盛を注ぐと美味しくできる。泡盛と水の比率が五：五なら度数が半分になり、風味がソフトになる。度数を水量で自分流に変えて飲むことができる飲み方である。
・お湯割りは、最初にグラスにお湯を入れておき、後から泡盛を入れる。この方法で、お湯と泡盛の比重の関係からグラスの中でくるっと混ざり合い、ステアしなくても美味しく飲むことができる。泡盛の隠れていた甘味が引き立ち、自然と広がる香りが楽しめるので、たくさんある銘柄の個性を一瞬で知ることができる。ただし熱いお湯では、泡盛の苦みが出てしまうので、ぬるめのお湯がお勧め。寒い冬だけではなく、夏のクーラーの効いた室内でもお勧め。体にやさしい飲み方である。
・オン・ザ・ロックは、氷を入れたグラスに泡盛を入れてステアする。この方法で、泡盛が上部へ押し上げられアルコール分を感じられるので、より豊かな風味を味わえる。泡盛がすぐに冷えるため、立体的な味わいになり、パンチのある飲みごたえが楽しめる。

・パーシャルショットは、度数が高い泡盛をボトルごと冷凍庫に入れてキンキンに冷やして飲む方法。度数が高いので凍ることなくトロトロした食感で味わえる。キンキンに冷えていて飲みやすいため、少量ずつ飲むようお勧めしたい。

・季節のシークヮサーやゴーヤーのカクテル。自宅で簡単にできるカクテルである。泡盛の水割りや炭酸割りに、シークヮサーやゴーヤー、レモンなどを絞って入れて、爽やかな香りが楽しめる飲み方である。

食中酒から食後酒

・オン・ザ・ロックは、氷を入れたグラスに泡盛を入れてステアする。魚料理から肉料理、すべてにペアリングできる。

・ストレートは、そのまま飲み、泡盛本来の香り味わいを楽しむ飲み方である。古酒は、実際の度数よりまろやかで時間とともに香りの変化も楽しめる。荒焼のチブグヮーや陶器コップで飲んで空になったあとは残香をぜひ楽しんでほしい。この残香こそが世界に誇る古酒の魅力である。

泡盛と料理のペアリング

ペアリングとは、お酒と料理の組み合わせのこと。一般に使われるマリアージュとは、ペアリングによって生まれる香りや味のハーモニーとでも言えるだろう。泡盛は幅広い料理に合う包容力を持つ蒸留酒である。前菜やお造りからメインディッシュ、最後のスイーツまで全てを泡盛でペアリングできる。ワインであれば、お魚は白ワイン、肉料理には赤ワインといわれている。「ワインと食材の色を合わせること」は有名な話である。泡盛と料理は共通する香りや味わいを合わせることをお勧めしたい。泡盛をより美味しく、さらに料理も美味しく楽しむための相乗効果となるペアリングをぜひ知っていただきたいので参考にしてほしい。そのペアリングの話の前に、まず酒器と料理皿の大きさの話を紹介したい。

泡盛酒器 × 料理皿 × 部屋の大きさ＝同じスケール

沖縄国税事務所泡盛鑑定官（二〇一八年十月当時）だった宮本宗周氏がセミナーでの講話で「酒質、酒器、食器、座席はトータルコーディネートされた方がいいと思う」と話された。宮本氏は沖縄に来て、居酒屋で泡盛をビールジョッキで飲むことに驚いたという。そしてそこには大皿料理があった。このシーンから宮本氏が考察したことは、大きなグラスで泡盛の炭酸割り・水割りであれば、料理は大皿で座席も広くありたい。逆に古酒のような小さなチブグヮーでゆっくりと味わうには小鉢料理、そしてこぢんまりして落ち着いた部屋が合うということだった。つまり宮本氏は、トータルコーディネートされたスケール感を伝えたかったのだろう。筆者も同感で、大皿料理にチブグヮーではつり合いが取れず、美味しさを感じない。小さな酒器は小鉢料理ならば視覚と味覚とのバランスも良く、より美味しく楽しめると思うのである。

泡盛×料理＝美味しさの方程式

全体的に泡盛とペアリングには、島豆腐がたっぷり入ったゴーヤーチャンプルー、タマナーチャンプルー（キャベツと豆腐炒め）などは、どんな泡盛にも合う。

泡盛と料理の共通の香り、味わいとペアリング

甘味（泡盛古酒）×甘味（料理）

例えばバニラやメープルシロップのような香ばしい甘い風味の泡盛には、甘い味付けの料理がよく合う。とろりとした甘い香りでふくよかな古酒とラフテーの組み合わせは実に美味しい。

香り（泡盛）×香り（料理）

・キノコ様の香りがする泡盛に、イタリアのキノコ料理、ポルチーニ茸のパスタやリゾット、きのこのグラタンが合う。
・ダークチョコレートの香りがする泡盛には、スイーツのドイツのザッハトルテ（チョコレートcake）やバニラアイスクリームに泡盛をかけても絶妙なハーモニーとなる。
・昆布の香りがする泡盛には、沖縄のクーブイリチー（昆布と三枚肉の炒め煮）が合う。
・フルーティーでほのかにヨーグルトの香りの泡盛には、魚料理やチーズ料理が合う。例えば、白身のカルパッチョや、トマトとチーズのカプレーゼなどが合う。
・ナッツの香ばしい香りのする泡盛には、宮廷料理のミヌダル（豚ロース肉の黒ごま蒸し）や、ジーマーミ豆腐が合う。
・樽香の泡盛には、スモークチーズやスモークチキンが合う。

チョコレート

味わいの違う泡盛で対照的なペアリング

食事の途中で口直しやリセットしたいときは、逆の味わいの泡盛を選ぶ。例えば、甘い味付けの料理に同じ方向性の泡盛のペアリングから、シャープな味わいの辛口感の泡盛やスパイシーな泡盛にかえることで余韻が短くなり、さっぱりとした感じも楽しめる。

重厚な味わい（泡盛）×重い料理

味わいの重さを合わせる。サラダや前菜の軽めな料理には、度数の低い泡盛やフルーティーな泡盛が合う。逆に軽めの料理に度数の高い泡盛では料理が負けてしまうので、ステーキなどの肉料理や中華料理には、度数の高い泡盛や重厚感のある泡盛と合わせてほしい。

紹介してきたように、沖縄の泡盛は、色々な飲み方がある。また合わせる料理とのペアリングも多い。そして各地の酒造所の特徴ある香りや味わいも様々と異なるので、そのペアリングのバリエーションは相当数あるだろう。各家庭の独特の手料理を加える

家庭料理を入れた東道盆

と、その楽しみは実に奥深いと言える。泡盛と料理のマリアージュで相乗効果を発見し、一層泡盛を楽しんでいただきたい。

第三部

泡盛がつなげた縁

泡盛研修とテビチとの出会い

いまから一五年ほど前のこと。ヤマトゥ生まれの筆者が、泡盛の酒造所で製造研修した経験と、テビチ初デビューから大好物になった話を紹介しよう。

まず製造研修だが。実は筆者ひとりだけの研修者であった。泡盛独特の味、香りに魅了され、この味や香りがどのような製造工程を経て生み出されるのか、身をもって体験し、泡盛の知識をより深めたい、と強く思い始めた頃であった。

研修の場となる酒造所は、琉球王国時代に王府の命を受けて泡盛製造が許可された鳥堀、崎山、赤田、通称「首里三箇」と呼ばれた地域のなかで、今も赤田にある識名酒造所である。

識名酒造所には、激戦の首里の地で沖縄戦をかいくぐった古酒の歴史があるので、少々ふれておきたい。古酒の入った大小ふたつの南蛮甕のひとつは一斗甕で一六〇〇年古酒が入っていて、もうひとつの二斗甕は、シュロ縄が巻かれ一四〇〇年古酒が入っているという。一九九八年六月二一日の沖縄タイムスの紙面「戦禍を超えて」では次のように報じられている。戦前、首里には約七〇もの泡盛工場がひしめいていた。その首里に戦火が及びそうになったので、大切にしていた古酒を南蛮甕に入れ庭先に掘って埋めたという。しかし首里は、焼け野原となり、甕を探し当てるには数年かかったそうだ。この生き延びた甕と古酒の味や香りを故識名謙社長は「普通の泡盛とは違った酒。ウーヒージャー（雄山羊）のような、香ばしくて焦げたような、香りであった」と語っている。

　さて、このような歴史のある識名酒造所に、一週間お手伝いをさせてほしいとお願いに参ったが、素人でしかも女性がチョロチョロしては危ないという理由で断られた。まあ、当然である。しかし諦めきれず、親しい友人に相談したところ、ありがたいことに、識名社長と親しい咲元酒造所の杜氏であった故佐久本さんに私の強い思いが伝わり、識名酒造所での製造研修のお許しを得たのである。これが私にとって、生まれて初めての製造研修体験となった。

　いよいよ一週間の製造研修が始まった。泡盛の製造は、かなりの重労働であることはおおよそ知ってはいたし、ある程度の覚悟はしていたが、想像をはるかに超えていた。原料のタイ米を回転ドラムへ移動し、蒸した後に黒麹の散布、三角棚への蒸米の移動、製麹（せいきく）をする。製麹は麹造りである。蒸した米の爽やかな香りが広がり、黒麹散布のときの蒸した栗のような香りが私を包みこんだ。そうか、黒麹はこんな匂いがするのか。散布する際に蒸した米の香りと混ざり、まるで麦落雁（むぎらくがん）のような香りもする。これは知らなかった。

次に、仕込みに入る。ステンレスタンクの中の米麹に仕込み水と酵母を加え「もろみ」となる。仕込み時間は、二週間前後であるが、もろみの温度が三〇度を超えないように時々、冷却装置をもろみの中に入れて冷却水を通す。時間とともに発酵してくると、もろみからブクブクと力強い泡が立ってくる。香りもフルーティでさわやかな印象であった。

さて泡盛製造の真髄ともいえる蒸留工程。発酵したもろみを単式蒸留機に入れ、蒸留する。このときの蒸留工程時の副産物は「カシジェー」といわれて、昔は豚の飼料や農家の肥料として利用された。このカシジェーを豚に食べさせると豚が病気になりにくくなり、豚肉も美味しくなるといわれている。カシジェーはすぐに傷むので、その日のうちに使用しなければいけない。これは泡盛について勉強し始めたころに知り興味深かったのでよく覚えていた。

現場でカシジェーを見て、これがあの聞いていた、カシジェーかと感動し、「食べさせてください!!」と思わず言ってしまった。当時、杜氏だった真栄城博氏が物珍しそうな目で見ていたが、おすそ分けでいただいたカシジェーを早速その晩、食してみることにした。

タッパーの中にカシジェーときび砂糖を入れ、大根ときゅうりを漬け込んでみた。酸味が強いので、一～二時間で漬かる。まるで甘酢漬のようでパンチがあり、美味しかった。毎日、帰宅して、鏡をのぞくと自分の耳や鼻の穴の中は真っ黒だった。酒造所の天井や壁が黒麹の仕業で真っ黒になっていることも実体験して理解できた。

蒸留後の泡盛原酒を熟成させるために貯蔵する（一般酒は三カ月～三年未満、古酒は三年以上）。酒造所によって、ステンレスタンク、甕、ホーローなどに貯蔵される。バーボンの樽やウイスキーの樫樽に貯蔵しているところもある。製品化として瓶にラベルを貼ったものに度数を合わせて割水された泡盛が、瓶に詰めたり甕詰めされ出荷される。瓶詰めの際の、芋羊羹のような甘い香りもとても新鮮だった。

製造工程は頭では理解していたが、実際に現場に立ってみて、机上では知ることができなかった香りや熱気、そして泡盛製造に魂を込める職人の想いに触れることができた。そして、それを体験したからこそ、泡盛の独特な香りや味わいは非常に貴重なものであるとあらためて感じ、その素晴らしい魅力を後世に残していかなければという小さな使命感のようなものも感じたのである。

あっと言う間に一週間が過ぎ、研修最終日となった。識名研二社長の母である故識名和子さんが「お疲れ様」と話しながら、タッパーに所せましとたくさん入ったテビチを二パックいただいた。わざわざテビチを炊いてくれたという。嬉しいやら困ったやらで、どうしようと複雑な気持ちになった。

今思えば、筆者はテビチは食わず嫌いであったのだろう。沖縄料理は大好きで自分でもよく作るが、テビチだけはなぜか食べる機会がなかった。しかし下処理の手間がかかるテビチを、その当時八〇歳近いお母さんがせっかく炊いてくださったので、おそるおそる口にしてみた。味付けはお好みでどうぞ、と言われたが、まずはそのままでいただいた。すると素材の味だけではあったが、臭味もなく、プルンとしてやわらかく、とても美味しかった。えっ！　これがテビチなのか、と自問自答してしまった。泡盛で炊いたことは、泡盛の香りが漂っていてすぐわかった。そうか、泡盛にはテビチのような沖縄の伝統的な食材のうまさを上手に引き立ててくれる力があるのか、と納得すると同時に、さらに泡盛の魅力に気付かされることになった。

今では煮付けやおでんには、テビチが欠かせない。以後、泡盛とペアリングする肉料理やスイーツには隠し味に泡盛一般酒や古酒を使用している。

「百聞は一見に如かず」とはよく言ったものだ。五感で感じたことは、机上の学問をはるかに超える。一週間の製造研修と最終日のテビチで、私はそれを強く感じたのである。

今日でもテビチを作るときに、当時のことを思い出す事が多い。

音楽家・宮良長包と泡盛の歌

沖縄を代表する作曲家・宮良長包は、天性の音楽家である。筆者が沖縄に嫁いで来た頃、女性コーラスのピアノ伴奏を何年かしていた。その時に、ゆったりとした「えんどうの花」や軽快で楽しい「安里屋ユンタ」に出会った。いろいろな作風の曲を作る才能に驚いたことを記憶している。一八八三年に石垣町（現市）新川で生まれ、二〇二五年で生誕一四二年である。沖縄県師範学校を卒業後、師範学校音楽教師となっている。

長包のおもしろいエピソードを紹介したい。教員生活がスタートしたとき、初めての朝礼で手にしたバイオリンで八重山民謡を弾いて生徒も教師も意表を突かれてしまったという。この時代にピアノやバイオリンが演奏できるとは、大変恵まれた環境のもとで育ったことがうかがえる。

長包は毎年夏休みを利用して、東京音楽学校（現・東京藝術大学）の講習会に参加している。山田耕筰や福井直秋、浅野千鶴子といった著名な音楽家たちとの出会いは、大変な刺激となったと思われる。また、作品にも大きく影響したのであろう。

やがて長包は、郷土民謡やわらべ歌の研究を始める。そして沖縄で初めての男女生徒による混声合唱団を結成する。一九二九年以降「汗水節」をはじめ、琉球音階を駆使した民謡調歌曲の作曲。その中で泡盛の宣伝のための依頼で一九三五年「酒は泡盛」がレコード化された。作詞・宮良高夫、作曲・宮良長包である。

この曲は、二拍子で一、二、一、二、と強拍―弱拍で進み、行進曲のように明るく快活な曲想に作曲されている。特に曲終の最後の音がおもしろい。通常、ハ長調の曲なので終わりの音は主音であるドで終わる。しかしこの曲は、まだ続きがあるかのように第五音のソで終わっている。歌い続けられる楽しいようすをこの第五音ソで表現したい強い気持ちがうかがえて特徴的である。それはまるで古酒の香りの余韻や残香が続いていくようすを表現したかのようである。

酒は泡盛
宮良　高夫　作詞
宮良　長包　作曲
♩= 80
ピアノ
7
13
あ か い で いご の
にほ ん は し んこ く
の め ば わ かや ぐ
み ぎ に ふ んと う
19
は な の よ に も え て さ け さ け さ け の は な
お み き の く に よ お み き あ が ら ぬ か み は な い
ちょうじゅの くすり うら しま りゅうぐうに まいー もど り
ひ だ り に あいしゅ りゅうきゅう あ わ も り さ けの は な
25
ソ レソレ さけは あ わもり ち からの い ずみ のもぅ よ
31
ほ がらか おどー ろ ーよ おどー ろ ーー よ
37
43

藤田嗣治が語る尚順男爵の泡盛古酒

藤田嗣治（一八八六～一九六八）は、有名なエコール・ド・パリの代表的な画家・彫刻家で、おかっぱ頭の独特の風貌でも知られている。日本生まれの藤田はフランスに帰化後はレオナール・ツグハル・フジタと言われた。

一九三八年（昭和一三）五月四日、藤田嗣治は、他数名とともに沖縄の首里にある尚順男爵邸を訪問し歓待を受けている様子を『松山王子遺稿』に『首里の尚順男爵』という一文が収録されている。そのなかで尚順男爵の広大な敷地の庭先・植物園の様子や、味わった泡盛古酒と琉球料理について詳しく書き残しているので紹介したい。

邸宅は、「前庭のレイシの老木は、応接間のすみずみまでを緑の光線に包んで、まるで水族館に潜ったように涼しかった」ようだ。男爵ご自慢の植物園を案内し、その様子を下記の様に記している。「（前略）角竹、果実をつけたマンゴー、岩窟の中のようなガジュマル林、四畳半くらいの葉をひらいた扇芭蕉は画心をそそった。（中略）……庭は行けども行けども果てしがない。毒蛇のハブも飼ってある（後略）」

尚順男爵の三千余坪の豪壮な邸宅の農園には、他にも珈琲やオリーブ、サボテンと世界中の木が植えられ、研究していたようだ。尚順男爵の趣味の域を越えての研究と学問にかける素晴らしい情熱を感じる、と藤田は語っている。そして農園を見学後に酒宴となったようだ。

そこでは純琉球料理とともに百年を経た泡盛古酒が出され、そして五〇年ものの梅酒も出されている。尚順男爵は百年古酒の甕と自身で作った梅酒をいくつも育てていたのだろう。藤田はその料理の様子を次のように書いている。

「百年を経た泡盛は、フランスの古酒のように軽かった。人参、焼豆腐、海老、海苔、木耳の天ぷらの盛皿が運ばれた。五十年前の梅酒が出る。（中略）文学、音楽、舞踏絵画の話は、御馳走の皿と共に、後から後からと絶えることがなかった。（後略）」

このときに出された百年を超える古酒は、どんな香りで味わいだったのだろうか？　フランスの古酒のようで軽かったと表現しているところから、ブランデーの古酒のようだったのだろう。泡盛と同じ蒸留酒なので、年代物となるとアルコールの角が取れて非常にまろやかになり、芳醇な香り味わいだったに違いない。甘味も出てとろりとしてなめらかな味わいから「軽い」と表現したのだろう。五〇年ものの古酒については、きっと梅を泡盛に漬け込んだのではないだろうか？香りが甘いプラムのようで華やかな香りが広がり、これもとろりとして甘く美味しかったであろう。

筆者は、いまだ百年古酒の味わいを書いた詳しい文献を目にしたことがない。また、残念ながらまだ百年古酒を口にしたことも無い。しかしその味を想像できる書物が若干残っている。それは『ペリー提督日本遠征記』で、一八五三年アメリカのペリー率いる四隻の艦隊が琉球に来航したときの話である。私設秘書官ベイヤード・テイラーは、琉球のサキ（酒）について次のように書いている。「小さな盃（チブグヮー）に注がれたサキは、これまでこの島で味わったものにくらべてはるかに芳醇なものであった。醸造が古くてまろやかに熟しており、きつくて甘味のあるドロッとした舌触りでいくらかのフランスのリキュール酒に似ていた」。ペリーと藤田嗣治は時代が違い、そして飲んだ古酒も違うが、どちらもフランスの酒に似ているという印象が一致している。フランスのブランデーのような果実由来の濃熟な香りに芳醇な味わいの古酒であったことは間違いない。

泡盛は、寝かせれば寝かすほど熟成が進みアルコール感が落ち着きまろやかに感じる。そして古酒香として、バニリン（バニラ）の甘い香りやメープルシロップのような香ばしい甘い香りが立ち上がってくることから、ブランデーに似ているという表現をしたのではないかと思っている。

さらに泡盛は原料は米であるが、甕で数十年熟成させると、蓋を開けたときに、まるで梅酒やプラム酒のような濃熟で芳醇な甘い香りがしてくる。

百年泡盛や琉球料理を振る舞った尚順男爵、古酒を口にした藤田嗣治は、フランスの古酒のように軽かったと語っている。ブランデーの古酒のようであったとも推察できる。いずれも蒸留酒である類似性からすれば、寝かせた古酒のいずれも、アルコールの角が取れたまろやかで芳醇な香りあふれる古酒であったように思える。

洋の東西は異なれども、古酒の香りに酔いしれたであろう藤田の感激は、先述の一文の末尾にこう書かれている。

「琉球のこの夜のもてなしは、私にとって終生忘れることのできぬ一頁となった」

お墓で三五年熟成の泡盛

遠きやまとぅの地から沖縄に嫁いできた筆者に、沖縄の伝統や文化をたくさん教えてくれた義父。沖縄とやまとぅの文化の違いにも大いに興味をもっていた義父は、食材やお正月文化など、やまとぅの文化にも新鮮な気持ちで、大いに楽しみながら沖縄の暮らしに取り入れてくれた。筆者が泡盛に興味を持ち、さらに古酒の研究に夢中になり始めると、義父は目を細めて喜んでくれた。義父は、料理上手な義母の手料理に舌鼓を打ちながら毎晩、泡盛を楽しんでいた。古酒香の甘い香りと芳醇な味わいの泡盛をこよなく愛し、陶器の酒器で、ほころんだ顔をして口にするのが好きだった。

寄る年波には勝てず、義父は、二〇二〇年秋に九一歳で旅立ってしまった。義父の眠るお墓は、周りにコンクリート造が多い墓地の中で、琉球石灰岩の粗目のアワ石でつくられている。存命の頃に、「この石は今では貴重なんだよ」と教えてくれたことがあった。

お墓を開けて納骨する折、三五年前に亡くなった義祖父の納骨時に、墓の中には泡盛・請福三〇度の三合瓶が一本納められていた。洗骨の名残りで泡盛をお墓に入れるとか、墓口の裏側（墓中）に一本の泡盛を入れて「墓は、現在満室で来てくれるな」などのまじないのことも耳にしたことがあったが、現実にお墓の中の泡盛を目にしたのは初めての経験であった。敬意をもってその三合瓶をいただき、新たに義父の好きだった泡盛三〇度一升瓶を納めた。

自宅にもどり、三五年の長い年月を過ごした古酒を仏壇にお供えした後、みんなで感謝しながら口にした。私は、お墓の中で長い時間置かれていたことから、湿気で少々かび臭くなっているかもしれないと想像していた。恐るおそるテイスティングしてみると、なんとカビ臭は無かった。最初に、少々土やほこりのような匂いがあらわれ、その弱い香りは一〇分～二〇分経っても、それ以上に広がらず、少々残念な気持ちでいた。

しかしその後、家族で義父の思い出話を一時間近く話していると、甘く香ばしいカラメルの香りがどこからか立ち上がってきたのだ。何とも甘く優しい香りである。これこそ三五年の眠りから目覚めた古酒の香りであると感じた。眠りから目覚めた古酒は、香りが広がるのも想像以上に時間を要することがわかった。「よく寝かせた泡盛は起きるのが遅い」といわれているが、それを実感することができた。

味わいは、アルコール感が弱くやさしかったが、酸味と苦みはほとんど感じられなかった。度数を測ってみると、三〇度から一八度に下がっていた。瓶でも熟成することは知識として承知していたが、一八度でも古酒としてカラメルの甘く香ばしさが香り立つことに感動し、また瓶でもしっかり熟成することを実感として知ることができ、感動の瞬間であった。

ところで、なぜ三五年間密閉されたお墓の中で、空気の流れもないはずの状況でカビ臭がしなかったのかと考えてみた。

このお墓は、コンクリート造ではなく琉球石灰岩の粗目のアワ石でつくられていることから、お墓の外と内側でほどよい空気の動きがあり、穏やかな呼吸をしているかのようで、それは荒焼甕が甕の外と呼吸しているといわれるのと似ているのではないかと思った。

後日、時々お墓で熟成された三五年古酒の残りの香りを嗅いでチェックしているが、香ばしい黒糖の香りを維持していて、これもまたあらたに知りえた知識になった。

その三合瓶は小さな瓶に移し替えている。なぜかというと、開封後、少なくなった酒と空気層とのバランスには絶妙な関係がある。空気層が多くなると、酸化が進み度数が下がり、香りや味わいが各段に落ちていくのである。残った古酒が、今後どのように変化していくのか実に楽しみである。

眠る義父から「古酒・泡盛の研究を続けてね」という優しい声が聞こえてくるようだった。

義父の眠る墓

あとがき

酒の種類の中で、蒸留酒に分類される泡盛のことを知ったのは大学生の頃でした。クラッシック音楽を耳にしながら泡盛を楽しむ頃がありました。縁あってうちなーんちゅとなり、音楽の研究継続に並行して泡盛の研究をする機会が増え、気付くと研究ノートが数十冊となっていました。理科系出身でもなく芸術系出身の自分のこれまでの経験値と研究をまとめた書を世に出すことを臆することがありましたが、背中を強く推していただきました方が萩尾俊章様でした、心から感謝を申し上げます。

これまで泡盛醸造学の道へレールを引いていただきました、琉球大学名誉教授安田正昭先生、琉球大学教授外山博英先生、准教授水谷治先生にお礼申し上げます。

テイスティングでは貴重な古酒を提供していただき、長年一緒の研究仲間であります宮里栄徳様、金城朝和様、故・友寄景淳様、真栄城博様、喜屋武善範様、そしていつも金城銀子様（金城朝和様夫人）にはハンドルキーパーを担当していただきました。

当時、沖縄国税事務所所長でした松沢玲子様とは、古酒をテイスティングする機会が何度かあり、たくさんの質問をお受けして泡盛に対する造詣の深さに感じ入りました。

熊本国税事務所鑑定官室長小濱元様に私が泡盛鑑評会品質評価員となった頃よりお世話になり、また泡盛マスコットキャラクター・シーサー君を提供をしていただきました。沖縄国税事務

あとがき

所鑑定官渡辺健太郎様、熊本国税事務所鑑定官 宮本宗周様には、泡盛の資料提供していただき、沖縄県酒造組合専務理事新垣真一様には、キャップや楽譜の資料を提供していただきました。泡盛愛好家の皆さまには、仕次ぎコンクールのデータ提供をいただきました。皆さまに感謝申し上げます。

本書を上梓するにあたりボーダーインクの新城和博様には大変お世話になりました。書き溜めた原稿の絶妙な構成や表紙デザインの発想では、自分では想像できないときめきある提案をしていただきました。この本の一回目校正に入った頃、ちょうど琉球泡盛がユネスコ無形文化遺産に登録となり、その感激を感じながら新城様と進めていました、深くお礼申し上げます。

本文中でテイスティング表現の用語、例えば「残香（ざんこう）」や「〇〇様（よう）」等、すべて国税事務所主催の泡盛鑑評会で審査する時の共通の品質評価用語で表現しております。泡盛をより理解できる表現としてこの用語に慣れていただけると幸いです。甕や酒器、東道盆等などの写真は、すべて私が有しているものを使用しました。

六〇〇年の歴史を有する伝統的名酒泡盛の仕次ぎ文化、個性的な酒器や料理とのペアリングなど、泡盛を愛好している方はもとより、少々泡盛は苦手という方もふくめて、一人でも多くの方々に知っていただき、世界に誇る沖縄の文化である泡盛の魅力を、後世につなげていただければ幸いに存じます。

著者

【主な参考文献】

『鷺泉随筆 松山王子尚順遺稿集』
『泡盛の文化史』 萩尾俊章　ボーダーインク
『沖縄の伝統工芸』（財）沖縄県工芸振興センター
『日本のやきもの 1　沖縄』外間正幸・宮城篤正　淡交社
『泡盛古酒「紺碧」シリーズの開発』石垣孫彦
「徐葆光　奉使琉球詩　舶中集」詳解　鄔揚華
『泡盛の考古学』小田静夫　勉誠社
『陳侃　使琉球録』原田禹雄訳注　榕樹書林
「琉球陶器の来た道」沖縄県立博物館・美術館×那覇市立壺屋焼物博物館合同企画展
『壺屋焼入門』倉成多郎　ボーダーインク
『八重山研究の人々』三木健　ニライ社
「優良酵母による泡盛醸造とその熟成の効果に関する研究」玉城武
「泡盛表示に関する公正競争規約·施行規則」全国公正取引協議会連合会
『沖縄県酒造協同組合 30 周年記念インタビュー』
『イチから琉球料理』松本嘉代子　タイムス住宅新聞社
『琉球料理』沖縄友の会琉球料理グループ
『あわもり』沖縄県立博物館友の会
「本格焼酎と泡盛の 21 世紀展望」西谷尚道　日本醸造協会誌第 97 巻第 2 号
『泡盛の伝統的熟成法「仕次ぎ」による泡盛風味への影響』 株式会社バイオジェット・琉球大学農学部亜熱帯生物資源学科　第 65 回日本生物工学会大会トピックス集
「国菌？麴菌」 山田修　日本食品微生物学会雑誌
「酒類の熟成を科学する」松井健一　マテリアルライフ学会誌 13
「泡盛を巡る話題から」三上重明　日本醸造協会誌第 89 巻第 2 号
「父、坂口謹一郎・人と業績と」坂口健二　日本醸造協会誌第 100 巻第 10 号
「本格焼酎の技術的変遷と 21 世紀の課題」 鮫島吉広　日本醸造協会誌第 99 巻第 7 号
「本格焼酎の貯蔵課程に発見する油臭について」西谷尚道・菅間誠之介　日本醸造協会誌第 73 巻第 11 号
「黒麴菌の学名が Aspergillus　luchuensis になりました」山田修　日本醸造協会誌第 110 巻第 2 号
「お酒と料理の相性の科学」藤田晃子　生物工学会誌 2009 年　第 8 号
「泡盛古酒 (クース) の魅力」比嘉賢一　化学と教育　64 巻 3 号
「清酒用 1.8 ℓ瓶の新しいプラスチック製替栓について」今安聡　日本醸造協会誌第 65 巻第 7 号

壺屋陶器事業協同組合 HP/ 国営沖縄記念公園海洋博公園 HP
国税庁 HP/ 清水化学ホーム HP

照屋 充子（てるや みちこ）

泡盛古酒研究家

栃木県生まれ
洗足学園音楽大学ピアノ科卒業。洗足学園音楽大学専攻科ピアノ専攻修了。青山学院女子短期大学音楽研究室勤務後 沖縄へ嫁ぐ

所属
琉球大学非常勤講師 農学部醸造学
（公財）JPTA 日本ピアノ教育連盟沖縄支部副支部長
泡盛鑑評会品質評価員
泡盛仕次古酒・秘蔵酒コンクール審査員

講演歴
沖縄県・那覇市・沖縄県酒造組合共催　第２回島酒フェスタ
沖縄国税事務所主催　泡盛仕次ぎセミナー
沖縄県教育委員会主催　県民カレッジ美ら島沖縄学講座
那覇市観光協会・浦添市観光協会共催　日本遺産ガイドフォローアップ研修

シンポジウム（基調講演・パネラー）
山原島酒之会主催　泡盛シンポジウム in 名護・山原
極限環境微生物学会　特別セッション／泡盛の微生物科学

TV 番組出演・雑誌掲載
NHK・BS「本格焼酎と泡盛を巡る旅」（日本酒造組合中央会）
RBC「うちなー紀聞」（おきでん百添えアワー）
utina Vol.16「まったりと泡盛」泡盛賛歌座談会

泡盛のかざ 古酒（クース）の響き

テイスティング、甕選び、仕次ぎ

古酒づくりの秘訣学べます

二〇二五年二月二一日
初版第一刷発行

著　者　照屋　充子
発行者　池宮　紀子
発行所　㈲ボーダーインク
沖縄県那覇市与儀226―3
https://borderink.com
tel ０９８-８３５-２７７７
fax ０９８-８３５-２８４０
印刷所　でいご印刷

定価はカバーに表示しています。

ISBN978-4-89982-480-0　C0095